곤충도감

· 사진 조유성(사진가) / · 감수 변봉규 박사

지식서관

펴내면서

 숲속 오솔길 한켠에서 작은 삼각대를 세우고 열심히 카메라를 들여다보며 바람결에 살랑이는 풀잎 위의 노린재와 눈을 맞추려 애쓰고 있는데, "뭐 하세요?" 지나던 등산복 차림의 아가씨가 다가와 묻습니다. 차마 한창 신방을 꾸리고 있는 노린재를 엿보고 있다고 말할 수 없어 "보실라우?" 하며 자리를 비켜주었습니다. "어머? 어머! 어머머…" 카메라 파인더를 들여다보던 아가씨는 말을 잇지 못하고 얼굴만 빨개집니다. 얼핏 보잘 것 없는 벌레들의 모습도 렌즈를 통해 바라보면 충분히 아름답고 활기차며 훨씬 극적인 모습이 됩니다. 전혀 상상해 보지 않던 광경을 목격한 아가씨는 오래도록 노린재의 신방을 기억할 것입니다.

 바쁜 일상 속에서 무심히 지나치는 집 주변과 산과 들에는 사람보다 훨씬 많고 다양한 생물, 특히 벌레가 살고 있습니다. 작아서 하찮고 때로는 사람의 삶에 방해가 되어서 귀찮은 존재로 여겨지지만, 그들도 당당히 자연의 한 부분으로서 살고 있습니다. 나름대로 부모와 자식의 인연을 맺어 태어나고, 부지런히 손발을 움직이고 날갯짓을 하여 먹을거리를 마련하고 삶을 꾸리며, 갖은 어려움 속에 용케 살아남아 자손을 번식하고 책무를 다하면 스러

지는 뭇 자연과 똑같은 과정을 겪습니다. 사람들이 더불어 살며 함께 노래하고 다투듯이, 벌레들도 몸빛과 모양을 바꾸고 특별한 소리와 몸짓으로 서로 부딪치며 한 생을 살아갑니다.

  어릴 적 밀짚을 엮어 나선형 여치집을 만들고 긴 장대로 처마 밑의 거미줄을 훑던 기억은 이제 나이든 어른들만의 추억이 되었고, 집앞의 논둑에 지천이던 메뚜기를 보려면 산골에나 가야 한다고 합니다. 인간의 편이를 추구하는 개발의 명분 아래 파괴되는 자연환경 속에서 점점 자취를 감추어가는 벌레들의 모습을 기억하고 싶었습니다.

  감로수를 얻으려고 열심히 진딧물을 도와주는 개미, 길섶에서 썩어가는 작은 동물들의 사체를 말끔히 청소하는 송장벌레, 일주일의 삶을 위해 땅속에서 7년을 기다리는 매미…. 이들의 지혜롭고 치열한 삶의 모습을 기록하여, 벌레를 단지 징그러운 미물이라고 멀리하려는 이들에게 꼭 그렇지만은 않다고 알려주고 싶었습니다. 세상을 조금씩 알아가는 어린이들에게 자연과 친해지는 기회를 만들고 자연환경의 중요성을 알게 해주고 싶습니다.

2008년 10월 15일

조 유 성 (사진가)

CONTENTS

강도래목 **나비목**(나방)	9~56	
나비목(나비)	57~164	
날도래목 노린재목	165~208	
대벌레목 돌좀목 딱정벌레목	209~308	
매미목	309~324	

325~354	메뚜기목 밑들이목 바퀴목
355~388	벌 목 사마귀목
389~414	잠자리목 풀잠자리목
415~440	집게벌레목 파리목 하루살이목
441~460	부 록 곤충의 분류 곤충 용어 해설 찾아보기

재미있는 곤충이야기

곤충과 식물의 꽃 ·········· 90	노린재의 몸 보호법 ·········· 181
곤충의 겨울나기 ·········· 241	논과 밭에서 살아가는 곤충 ·········· 287
곤충의 다리 ·········· 347	다른 곤충에 기생하는 곤충 ·········· 428
곤충의 생태 ·········· 252	동굴에서 살아가는 곤충 ·········· 269
곤충의 식사 ·········· 73	땅속에서 7년, 나무에서 2주를 살아가는 매미 317
곤충의 알 ·········· 121	만능기계 같은 곤충의 더듬이 ·········· 298
곤충의 입 ·········· 418	멀리뛰기 선수 메뚜기, 높이뛰기 선수 벼룩 ·········· 333
곤충의 통신 방법 ·········· 350	멸종 위기 곤충 ·········· 402
곤충의 특징 ·········· 408	무서운 사냥꾼 파리매 ·········· 434
곤충의 하루 ·········· 192	반출 금지종(곤충) ·········· 81
꿀벌의 사회 생활 ·········· 364	상처를 치료하는 곤충 ·········· 432
꿀벌의 춤 ·········· 365	신랑을 잡아먹는 신부 ·········· 388
나비 애벌레의 은신처 ·········· 62	육식 곤충 ·········· 375
나비의 생존 ·········· 106	자기 몸을 지키는 지혜① ·········· 211
나방의 주광성 ·········· 15	자기 몸을 지키는 지혜② ·········· 423
나비의 텃세 ·········· 151	자나방 애벌레가 기어가는 방법 ·········· 38
나비 몸의 생김새 ·········· 58	집 주변에서 살아가는 곤충 ·········· 220
나비와 나방의 구별 ·········· 32	풀과 숲에서 살아가는 곤충 ·········· 55

일러두기

1. 이 책에는 우리 나라에서 볼 수 있는 곤충 400여 종과 800여 컷의 사진을 수록하였습니다. 수록 곤충의 표제는 다수의 곤충 도서가 채택한 것으로 정하였으며, 일부 지방의 속명과 별명도 수록하였습니다. 수록된 곤충은 크게 18목으로 구분하였으며 가급적 이름의 가나다 순을 유지하되 비슷한 종을 한데 모아 찾아보는 데 편리하도록 하였습니다.

2. 곤충의 해설은 대체로 몸의 크기·서식지·특징·출현시기·분포지·특이사항 순으로 기술하고, 본문에 사진과 함께 수록하는 것을 원칙으로 하였으며, 학명은 <찾아보기>에 함께 수록하였습니다. 특히, 곤충에 대해 친근감을 가질 수 있도록 **곤충 이름의 유래·먹이 식물·특이사항** 등은 <아하>에 별도 수록하고, 곤충에 대한 보다 깊은 이해를 돕기 위해 <재미있는 곤충이야기>에 곤충의 상식을 수록하였습니다.

3. 부록으로, <곤충의 분류>, 곤충 용어의 이해를 돕기 위한 <곤충용어 사전>, <찾아보기>를 수록하였습니다.

Plecoptera
강도래목

진강도래
강도래과

몸길이 25~30cm. 애벌레는 얕은 물 속에서 나뭇가지와 잎, 작은 돌 등을 모아서 집을 짓는다. 몸은 진한 갈색을 띠고 날개는 연한 갈색이며 투명하다. 갈색 다리의 넓적다리마디에 검은색 무늬가 있다. 한국, 일본, 러시아, 유럽 등지에 분포한다.

아하! 짝짓기를 할 때 수컷은 풀잎 위에 앉아서 다리로 배 부분을 두드려 소리를 내어 암컷을 유인하는 구애 행동을 한다.

총채민강도래
민강도래과

몸길이 8~12mm. 산지 계곡에서 서식한다. 어른벌레는 5~6월에 발견된다. 애벌레는 비교적 수질이 깨끗한 계곡이나 하천 상류의 물살이 있는 곳에서 낙엽이나 이끼와 조류를 먹고 살며 점액질의 액을 내어 돌이나 나뭇가지 등을 이용하여 집을 짓는다. 한국, 중국, 러시아 극동 지역에 분포한다. 반출금지종.

ⓒ허필욱

나비목
Lepidoptera
(나방)

노란줄긴수염나방

곡나방과

날개편길이 14~17mm. 수컷의 더듬이는 앞날개길이의 3.5배 정도로 길다. 앞날개 가운데에 있는 노란색 띠는 개체에 따라 나비의 차가 심하다. 날개의 바깥쪽 부분은 진한 보라색을 띠고 노란색 비늘조각이 섞여 있다. 어른벌레는 대개 7월에 발견된다. 한국, 일본에 분포한다.

아하! 앞날개에 있는 노란색 띠를 노란줄로, 긴더듬이를 수염으로 보아 노란줄긴수염나방이라는 이름이 붙었다.

물결멧누에나방
누에나방과

날개편길이 38~45mm. 더듬이는 빗살 모양이고 몸은 황갈색이며 배의 등면은 황갈색 털로 덮여 있다. 앞날개의 끝이 뾰족하여 가늘고 길어 보이고 중횡선의 물결 모양 무늬는 심한 굴곡을 이룬다. 어른벌레는 4~8월에 볼 수 있다. 한국, 중국, 러시아에 분포한다.

큰흰띠독나방
독나방과

날개편길이 57mm 정도. 더듬이는 흑갈색이며 빗살 모양의 가지가 수컷이 암컷에 비해 길다. 수컷 앞날개는 흑갈색이고 흰색 띠가 있다. 뒷날개는 담흑갈색이며 가운데에 흰색 무늬가 넓게 차지하고 있다. 암수에 따라 무늬의 차이가 심하다. 어른벌레는 대개 6~9월에 발견된다. 한국, 일본 등지에 분포한다.

얼룩매미나방
독나방과

날개편길이 20~28mm. 더듬이는 수컷이 다갈색 깃털 모양이고 암컷은 빗살 모양이다. 겹눈과 가슴의 등쪽면에 점무늬가 있고 뒷다리의 종아리마디에 며느리발톱이 있다. 앞날개는 유백색이며 기부 근처에 검은색 점무늬가 5~6개 있다. 어른벌레는 7~8월에 발견된다. 한국, 중국, 일본, 러시아에 분포한다.

 애벌레는 주로 소나무, 일본잎갈나무, 참나무류의 잎을 먹는다.

네눈들명나방
명나방과

날개편길이 22~27mm. 더듬이는 수컷이 미모상이고 암컷은 실 모양이다. 머리와 가슴은 담황갈색이고 이마에는 검은색 비늘조각이 섞여 있다. 앞날개는 회갈색이고 큰 콩팥 모양의 흰색 무늬가 있으며 뒷날개에도 콩팥 모양의 무늬가 있다. 어른벌레는 대개 6~7월에 발견된다. 한국, 중국, 인도에 분포한다.

네 날개의 흰색 무늬가 눈이 네 개인 것처럼 보이므로 네눈들명나방이라는 이름이 붙었다.

재미있는 곤충이야기

나방의 주광성

나방은 주로 밤에 활동하므로 빛이 있는 곳에 모이는 습성이 있다. 이 성질을 주광성(走光性)이라고 한다. 나방은 빛이 비치는 방향과 90° 정도의 각을 유지하면서 날아간다. 그러므로 나방이 백열등이나 형광등, 촛불 등에도 이 각도를 유지하면서 날게 되면 그림처럼 차츰 작은 원을 그리게 된다. 나방이 날면서 그리는 원은 중심을 향하여 소용돌이를 이루므로 점점 빛의 중심으로 가까이 다가가게 되어 불빛에 부딪치거나 타버리게 된다.

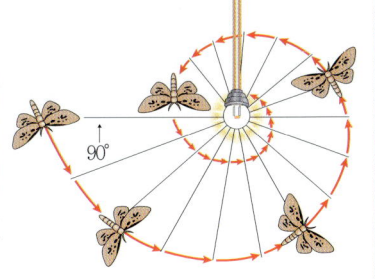

큰각시들명나방
명나방과

날개편길이 26~35mm. 머리는 담흑갈색이고 양쪽에 흰색 줄이 있다. 가슴과 배의 등면은 갈색이고 어깨판과 배의 양쪽은 흰색이다. 날개에는 검은색 가장자리와 흰색 무늬가 잘 어우러져 있고, 앞날개에 흰색 무늬가 뚜렷하다. 어른벌레는 대개 5~9월에 발견된다. 한국, 일본, 중국, 러시아에 분포한다.

흰눈박이검은들명나방
명나방과

날개편길이 24mm 정도. 더듬이는 실 모양이다. 몸은 전체적으로 검은색이고 배의 각 마디 끝 부분에 흰색 띠 무늬가 있다. 각 날개의 가운데에 커다란 흰색 콩팥 모양 무늬가 있으며, 뒷날개에 있는 무늬는 뒤가장자리까지 연결된다. 어른벌레는 대개 6~7월에 발견된다. 한국, 일본, 러시아, 유럽에 분포한다.

> **아하!** 검은색 날개에 흰색 무늬가 있는 것이 동물의 눈처럼 보이므로 흰눈박이검은들명나방이라고 부른다.

개오동명나방
명나방과

날개편길이 35mm 정도. 더듬이는 갈색으로 수컷은 미세한 털 모양이다. 앞날개는 흰색이고 흑갈색 가로선이 있다. 앞날개의 가운데는 흑갈색이고 위쪽에 흰색 사각 무늬가 있다. 어른벌레는 대개 6~8월에 발견된다. 한국, 일본, 러시아, 유럽에 분포한다. 반출금지종.

> **아하!** 애벌레가 개오동나무의 줄기 속에서 산다고 하여 개오동명나방이라고 부른다.

나비목(나방)

줄보라집명나방
명나방과

날개편길이 20~26mm. 더듬이는 갈색이고 머리는 황갈색 비늘조각으로 덮여 있으며 가슴과 배의 등쪽면은 담갈색이다. 앞날개에 있는 내횡선 바깥쪽은 노란색·주황색·오렌지색 등으로 가로띠를 이루고 있으며 가장자리는 붉은색을 띤다. 어른벌레는 6~8월에 발견된다. 한국, 일본, 러시아, 타이완, 인도에 분포한다.

은무늬박쥐나방
박쥐나방과

날개편길이 28~32mm. 머리는 담갈색 털로 덮인다. 수컷은 뒷다리의 종아리마디가 크고 향내를 발산하며 앞날개는 붉은빛 바탕에 은색 무늬가 있다. 암컷은 앞날개는 갈색인데 회백색 띠 무늬가 있으며, 대개 수컷보다 크고 넓다. 어른벌레는 6~7월에 볼 수 있다. 한국, 중국, 유럽에 분포한다.

아하! 앞날개에 은색 무늬가 있고 해가 저물 무렵에 활발하게 활동하는 것이 박쥐와 비슷하다고 하여 이름이 유래되었다.

긴수염비행기밤나방
밤나방과 긴수염밤나방

날개편길이 42~45mm. 더듬이는 앞날개보다 길고 몸은 갈색을 띤다. 앞날개 맥 위에 이빨 자국과 같은 흰색 점이 있고 검은색 가락지 무늬와 적갈색 콩팥 무늬가 있다. 뒷날개는 황갈색이고 안쪽에는 가로선, 바깥쪽에는 담색 줄무늬가 있다. 어른벌레는 6~8월에 발견된다. 한국, 중국, 인도, 동남아 지역에 분포한다.

아하! 이름은 긴 더듬이가 수염처럼 보이고, 나뭇가지에 날개를 펴고 앉은 모습이 비행기처럼 보이는 데서 유래되었다.

아하! 어른벌레는 감귤류, 무화과나무, 사과나무, 복숭아나무, 포도나무, 배나무 등의 열매의 과즙을 빨아먹는다.

붉은갈고리밤나방
밤나방과 갈고리밤나방

날개편길이 50~60mm. 더듬이는 수컷이 빗살 모양이고 암컷은 실 모양이다. 앞날개에는 암적갈색 물결선이 8개 정도 있고 진한 적갈색 띠가 뚜렷하며 날개끝은 뾰족한 갈고리 모양이다. 뒷날개는 뒷면에는 암갈색 가로무늬가 있다. 어른벌레는 6~8월에 발견된다. 한국, 일본, 중국에 분포한다.

재미있는 곤충이야기

과수원을 해치는 밤나방

포도, 배, 복숭아, 귤 등을 재배하는 산간 지대와 과수원에는 여름부터 가을에 걸쳐 과일이 익을 때면 매일 밤 많은 나방이 모여 과일을 해친다. 과일을 해치는 나방은 대부분 밤나방이다. 특히, 으름덩굴큰나방·갈고리밥나방 등 강한 입을 가진 종류의 피해가 심하다. 이들은 날카로운 입으로 딱딱한 과일에도 구멍을 뚫고 즙을 빨아먹는다. 한번 해를 입은 과일에는 입이 약한 소형 나방들이 모여들어 즙을 빨아먹으므로 과일은 썩거나 볼품이 없어지게 된다.

은무늬밤나방
밤나방과

날개편길이 28~30mm. 머리와 가슴의 등면에는 회갈색 비늘털이 섞여 있으며 배의 등면에 암갈색 털뭉치가 있다. 앞날개에는 은색 무늬와 크고 작은 암검은색 무늬가 여러 개 있다. 뒷날개는 약간 담색인데 뚜렷하지 않은 횡선이 있다. 어른벌레는 7~8월에 발견된다. 한국, 일본, 러시아, 유럽에 분포한다.

태극나방
밤나방과

아하! 앞날개 가운데에 커다란 태극 무늬가 있기 때문에 태극나방이라는 이름으로 불린다.

날개편길이 약 70mm. 수컷의 더듬이는 나뭇잎 모양이다. 배와 날개의 뒷면은 담적색을 띠고 앞날개 가운데에 커다란 태극 무늬가 있다. 뒷날개에는 물결 모양의 줄무늬가 여러 개 있다. 애벌레는 자귀나무의 잎을 먹는다. 어른벌레는 5~8월에 발견된다. 한국, 중국, 일본, 인도에 분포한다. 산림해충.

흰줄태극나방
밤나방과

애벌레는 자귀나무, 청미래덩굴, 밀나물 등의 잎을 먹고 어른벌레는 감귤 등의 과즙을 빤다.

날개편길이 55~63mm. 수컷의 더듬이는 빗살 모양이다. 머리와 가슴의 등쪽면은 암갈색을 띤다. 앞날개는 암갈색 바탕에 커다랗게 태극 무늬가 있으며 그 주위를 흰색 선이 둘러싸고 있다. 뒷날개는 암갈색 바탕에 폭넓은 흰색 띠가 있다. 어른벌레는 5~8월에 발견된다. 한국, 중국, 일본, 러시아에 분포한다.

목도리불나방
불나방과

날개편길이 42~50mm. 더듬이는 미세한 털 모양이고 머리는 흑갈색이다. 머리의 정수리 부분·어깨판·가슴·배의 배쪽면은 등황색을 띤다. 앞날개는 흑갈색 바탕에 청람색 광택이 나며 뒷날개는 회갈색을 띠고 있다. 어른벌레는 대개 6~7월에 발견된다. 한국, 중국, 일본에 분포한다.

> **아하!** 머리의 정수리 부분과 어깨판이 등황색인 것이 마치 목도리를 두른 것처럼 보이므로 목도리불나방이라는 이름이 붙었다.

알락주홍불나방
불나방과

날개편길이 29~35mm. 더듬이는 섬모가 나 있는 실 모양이다. 머리는 노란색이며 정수리에는 검은 점이 1개 있다. 경판과 어깨판, 가슴은 노란색이며 배는 담홍색의 연모가 덮여 있다. 앞날개는 담홍색 바탕에 검은 점이 2개 있다. 어른벌레는 6~9월에 발견된다. 한국, 중국, 일본, 러시아에 분포한다.

> **아하!** 애벌레는 지의류를 먹고 산다. 홍줄불나방과 비슷하나 앞날개의 바탕색이 담홍색인 점이 다르다.

줄점불나방
불나방과

날개편길이 38~44mm. 더듬이는 수컷이 짧은 빗살 모양이고 암컷은 톱니 모양이다. 배의 등쪽면은 등홍색을 띠며 가운데와 양 옆면에 검은색 점이 줄지어 있다. 뒷날개에 가장자리 안쪽으로 검은색 점이 4~5개 있다. 어른벌레는 대개 4~9월에 발견된다. 한국, 중국, 일본, 러시아에 분포한다.

흰무늬왕불나방
불나방과

날개편길이 80~90mm. 더듬이는 섬모로 된 실 모양이다. 머리와 배, 경판은 노란색이고 어깨판과 가슴의 등쪽 면은 검은색이다. 앞날개는 검은색 바탕에 노란색과 흰색 무늬가 여러 개 있다. 뒷날개는 노란색 바탕에 검은색 점과 무늬가 있다. 어른벌레는 6~8월에 발견된다. 한국, 중국, 일본에 분포한다.

애벌레

흰제비불나방
불나방과

날개편길이 56~76mm. 더듬이는 회색으로 수컷은 빗살 모양, 암컷은 톱니 모양이다. 등쪽면 가운데에 검은색 점이 배마디마다 세로로 줄지어 있고 양옆으로는 붉은색 점이 있다. 몸과 날개는 전체가 순백색이며 날개에 무늬가 없다. 어른벌레는 7~9월에 발견된다. 한국, 중국, 일본, 러시아에 분포한다.

가중나무고치나방

산누에나방과   가중나무산누에나방

날개편길이 110~140mm. 더듬이는 수컷이 깃털 모양이고 암컷은 빗살 모양이다. 갈색 대형 나방으로, 날개 가운데에 초승달 모양의 커다란 무늬가 있으며 바깥 가장자리를 따라 암갈색 줄 무늬가 있다. 어른벌레는 대개 5월에 발견된다. 한국, 일본, 러시아에 분포한다.

애벌레

고치

> **아하!** 애벌레는 소태나무 · 가중나무의 잎을 먹고, 다 자라면 나뭇잎을 길게 말고 그 속에서 고치를 만들어 번데기가 된다.

> 애벌레는 처음에는 적색이었다가 초록색으로 변하고 단풍나무, 녹나무 등의 잎을 먹는다.

옥색긴꼬리산누에나방

산누에나방과

날개편길이 95~110mm. 더듬이는 수컷이 깃털 모양이고 암컷은 빗살 모양이다. 몸은 흰색이고 날개는 청백색이며 뒷날개의 끝이 길게 꼬리처럼 돌출한다. 앞·뒷날개에 검은색 테가 있는 둥글고 노란색 무늬가 뚜렷하다. 어른벌레는 5~8월에 발견된다. 한국, 중국, 인도, 일본, 러시아에 분포한다.

알

애벌레

앞모습

참나무산누에나방
산누에나방과

날개편길이 110~125mm. 더듬이는 수컷이 깃털 모양, 암컷은 빗살 모양이다. 몸과 날개는 노란색이다. 앞날개의 가운데 무늬는 둥글고 투명하며 바깥은 흑갈색 테두리로 둘러져 있다. 산누에나방류 중 가장 크다. 어른벌레는 7~9월에 발견된다. 한국, 중국, 인도, 일본, 러시아에 분포한다. 반출금지종.

> **아하!** 애벌레는 상수리나무, 밤나무, 사과나무, 복가시나무 등의 잎을 먹는다.

대만나방
솔나방과

날개편길이 60~90mm. 더듬이는 빗살 모양이고 주둥이는 앞으로 돌출한다. 대형나방으로 몸과 날개는 회적갈색이고 암컷이 수컷보다 훨씬 크다. 앞날개의 가운데에 발바닥 모양의 굵고 긴 적갈색 무늬가 있다. 어른벌레는 6~8월에 발견된다. 한국, 중국, 인도, 러시아, 타이완에 분포한다.

아하! 애벌레는 황철나무, 떡갈나무, 피나무, 은행나무 등의 가지에서 잎 2장을 엮은 뒤 갈색 실을 토하여 고치를 만들고 그 속에서 번데기가 된다.

버들나방
솔나방과

날개편길이 50~70mm. 몸과 날개는 황갈색이고 배는 홍갈색이다. 앞날개에는 점선 모양의 무늬가 있고 가장자리는 부드러운 톱니 모양이다. 뒷날개는 가운데에 띠가 3개 있으며 가장자리는 톱니 모양이다. 어른벌레는 대개 5~9월에 발견된다. 한국, 중국, 일본, 유럽, 러시아에 분포한다.

아하! 애벌레는 버드나무, 포플라, 백양나무 등의 잎을 먹고 자란다.

솔송나방
솔나방과 북방솔나방

날개편길이 65~75mm. 수컷의 더듬이는 흑갈색 빗살 모양이고 몸과 날개는 대개 다갈색이다. 날개는 앞끝은 뾰족하고 앞날개 가운데의 위쪽에 흰색 점이 있다. 날개의 무늬는 개체에 따라 변이가 심하여 딴 이름이 많다. 어른벌레는 대개 6~10월에 발견된다. 한국, 중국, 일본, 러시아에 분포한다. 신림해충.

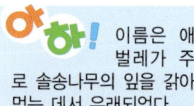 이름은 애벌레가 주로 솔송나무의 잎을 갉아 먹는 데서 유래되었다.

재미있는 곤충이야기

나비와 나방의 구별

나비와 나방은 모두 나비목에 속하는데 생태적 습관이나 생긴 모습의 특징으로 쉽게 구별할 수 있다. 그러나 어느 경우에도 예외는 있어서 일률적으로 단정지을 수는 없다.

활동 시간 나비는 대부분 낮에 활발하게 날아다니면서 들꽃의 꽃가루와 꿀을 찾아 먹고 짝짓기를 하며 알을 낳는다. 나방은 거의가 밤에 활동하면서 나무의 즙이나 들꽃의 꿀을 찾고 불빛에 모여들며, 낮에는 으슥한 곳의 나뭇가지나 바위에 앉아 쉰다.

더듬이 나비의 더듬이는 끝이 갈고리 모양이거나 둥근 곤봉 모양이며, 나방의 더듬이는 깃털 모양·실 모양·빗살 모양 등이 있다.

앉는 모양 나비와 나방은 나뭇가지나 풀에 내려 앉을 때 그 모습에서 차이가 있다. 나비는 날개를 세워 모으고 있지만 나방은 날개를 접어 지붕 모양을 만들며 앉는다.

노랑털알락나방
알락나방과

날개편길이 31~33mm. 더듬이는 곤봉 모양이고, 주둥이가 없다. 몸은 대체로 검은색이고 배의 말단에는 긴 털이 있다. 앞날개는 가늘고 길며 뒷날개는 짧다. 날개는 투명한 편이나 기부는 노란색을 띠고 있으며, 시맥은 암갈색이다. 어른벌레는 9~10월에 발견된다. 한국, 중국, 일본에 분포한다.

오하! 사철나무의 주요 해충이며 애벌레가 발생하면 가지만 남기고 잎 전체를 먹어치운다.

애벌레

사과알락나방
알락나방과

날개편길이 26~30mm. 수컷의 더듬이는 빗살 모양이고 암컷은 실 모양이다. 몸과 앞날개의 뒤가장자리와 뒷날개의 앞가장자리는 담검은색을 띠며 날개에는 뚜렷한 무늬가 없다. 앞날개의 기부는 어두운 검은색을 띠고 있다. 어른벌레는 6~8월에 발견된다. 한국, 일본에 분포한다.

애벌레는 배나무, 사과나무, 벚나무 등의 잎을 먹는다.

여덟무늬알락나방
알락나방과

날개편길이 20~22mm. 수컷의 더듬이는 빗살 모양이고 몸과 날개는 흑갈색이며 몸에 광택이 난다. 앞날개의 한쪽에 4개씩 모두 8개의 뚜렷한 노란색 무늬가 있다. 뒷날개는 가장자리만 검은색을 띠고 그 안쪽은 반투명한 막질이다. 어른벌레는 7월에 발견된다. 한국, 중국, 일본, 러시아에 분포한다.

앞날개에 노란색 무늬가 한쪽에 4개씩 모두 8개 있기 때문에 여덟무늬알락나방이라고 한다.

> 애기나방과 비슷하지만 노랑애기나방은 배가 등황색인 것이 다르다.

노랑애기나방
애기나방과

날개편길이 32~40mm. 머리와 경판과 어깨판은 검은색이고 얼굴과 가슴과 배는 등황색이다. 날개는 검은색이나 기부 가까이가 등황색을 띤다. 앞날개에는 투명한 큰 무늬가 5개 있으며 뒷날개 가운데에는 투명한 무늬가 1개 있다. 어른벌레는 대개 7월에 발견된다. 한국, 중국, 일본, 러시아, 타이완에 분포한다.

산왕물결나방

왕물결나방과 주을왕물결나방

날개편길이 125~130mm. 더듬이는 빗살 모양이고 짧은 톱니가 있다. 몸은 흑갈색이고 가슴과 배는 흰색이나 연한 회갈색 털로 덮여 있고 검은색 줄무늬가 있다. 앞날개와 뒷날개의 바깥쪽 절반 부분에 잔물결 무늬가 있다. 어른벌레는 대개 8월에 발견된다. 중국, 한국, 러시아에 분포한다.

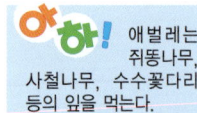

애벌레는 쥐똥나무, 사철나무, 수수꽃다리 등의 잎을 먹는다.

포도유리나방
유리나방과

날개편길이 30~35mm. 어른벌레는 언뜻 보기에 벌과 같이 보인다. 몸은 검은색이고 머리, 목, 뒷가슴의 양쪽은 노란색이며 배 끝쪽에는 노란색 테가 있다. 앞날개는 적갈색이고 뒷날개는 투명하며 날개의 뒷면은 황금색이다. 어른벌레는 대개 5~6월에 발견된다. 한국, 중국, 일본에 분포한다.

> **아하!** 애벌레는 포도나무 줄기 속에서 월동한다. 애벌레가 들어 있는 부분은 방추형 혹으로 변하기 때문에 쉽게 발견할 수 있다.

불회색가지나방
자나방과

날개편길이 50~70mm. 더듬이는 수컷이 빗살 모양이고 암컷은 실 모양이다. 몸과 날개는 흰색이고 날개의 횡선은 검은색이다. 앞날개는 가장자리를 따라 갈색의 짧은 선이 펴져 있다. 내횡선은 바깥쪽으로 휘어지고 외횡선은 굴곡이 심하다. 어른벌레는 8월에 발견된다. 한국, 일본, 러시아에 분포한다.

> **아하!** 애벌레는 주로 느릅나무 등의 잎을 먹고 자란다.

세줄날개가지나방
자나방과

> 애벌레는 졸참나무나 사과나무 등의 잎을 먹고 자란다.

날개편길이 25~35mm. 더듬이는 수컷이 빗살 모양이고 빗살이 길며 암컷은 실 모양이다. 몸과 날개는 회색이고 흑갈색 짧은 선이 빽빽하며 배에는 흰색 고리가 있다. 날개에 검은색 횡선이 세 줄씩 있으며 검은색 무늬가 있다. 어른벌레는 6~7월에 발견된다. 한국, 일본에 분포한다.

재미있는 곤충이야기

자나방 애벌레가 기어가는 방법

자나방의 애벌레는 나뭇가지에서 기어가는 모습이 자(尺)로 재는 것처럼 보이기 때문에 이름이 유래되었다. 자나방의 애벌레는 다리의 수가 적은데 가슴에 있는 3쌍의 다리(흉각;胸脚)로 가지를 잡고 몸을 둥글게 하여 뒤에 있는 2쌍의 다리(복각;腹脚)를 앞으로 잡아당긴다. 다음에 복각으로 몸을 지탱하여 앞으로 쭉 뻗는다.

이 운동을 되풀이하여 앞으로 나아가는데, 이 모습이 자로 길이를 재는 것 같다고 하여 영어 이름도 Inchworms이다.

큰알락흰가지나방
자나방과 **큰알락가지나방**

날개편길이 61~75mm. 암컷의 더듬이는 실 모양이다. 몸은 노란색이고 어깨판·가슴·배는 백색이다. 앞·뒷날개의 기부에 검은색 무늬가 2개 있으며, 횡맥 무늬는 크다. 날개의 바깥가장자리에는 검은색 무늬가 줄지어 있다. 어른벌레는 6~8월에 발견되며 낮에 활동한다. 한국, 중국, 러시아에 분포한다.

아하! 애벌레는 감나무의 잎을 먹고 자란다.

별박이자나방
자나방과

날개편길이 38~43mm 정도. 더듬이는 암수가 모두 톱니 모양이다. 몸과 날개는 흰색이고 날개는 거의 투명하다. 앞날개에는 검은색 점이 3개 있다. 날개에 모두 검은색 무늬가 있고 바깥가장자리에는 검은색 점이 줄을 이루고 있다. 어른벌레는 6~8월에 발견된다. 한국, 중국, 일본, 러시아에 분포한다.

짝짓기

알을 낳고 있는 모습

애벌레

번데기

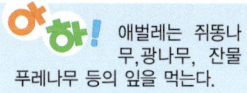
애벌레는 쥐똥나무, 광나무, 잔물푸레나무 등의 잎을 먹는다.

나비목(나방)

흰줄큰푸른자나방
자나방과

> 몸과 날개가 녹색이고 날개에 흰색 줄이 있어 흰줄큰푸른자나방이라고 부른다.

날개편길이 48~53mm. 몸과 날개는 모두 녹색이고 다리는 흰색이다. 날개는 바깥가장자리가 물결 모양이고 외횡선이 흰색이며 날개 뒷면은 색깔이 연하다. 앞날개의 내횡선은 흰색이고 암록색 테가 있다. 어른벌레는 대개 6~7월에 발견된다. 한국, 중국, 일본에 분포한다.

세은무늬재주나방
재주나방과 세은무늬하늘나방

날개편길이 38~40mm. 더듬이는 갈색으로 수컷은 톱니 모양이고 암컷은 섬모상이다. 앞날개는 적갈색을 띠고, 기부 근처에는 여러 개의 은빛 무늬가 있는데, 가운데에서 가장자리쪽으로 큰 무늬가 3개 있다. 어른벌레는 대개 6~8월에 발견된다. 한국, 일본, 러시아에 분포한다.

아하! 애벌레는 주로 가시나무의 잎을 먹고 자란다.

은무늬재주나방
재주나방과 은무늬하늘나방

날개편길이 38~45mm. 더듬이는 회갈색으로 수컷은 빗살 모양이고 암컷은 실 모양이다. 날개는 대체로 회갈색이고 앞날개에 넓은 띠 무늬와 삼각형 등 은백색 무늬가 있으며 뒷날개에는 회갈색 점 무늬가 있다. 어른벌레는 대개 6~8월에 발견된다. 중국, 일본, 한국, 러시아에 분포한다.

아하! 애벌레는 주로 신갈나무, 피나무의 잎을 먹고 자란다.

기생재주나방
재주나방과 기생하늘나방

날개편길이 47~56mm. 더듬이는 담갈색으로 수컷은 빗살 모양이고 암컷은 섬모이다. 앞날개의 기부에서부터 전연을 따라 황색 무늬가 크게 발달하고, 바깥가장자리까지 흑갈색 무늬가 잘 나타나 보인다. 어른벌레는 대개 6~9월에 발견된다. 한국, 중국, 일본, 러시아에 분포한다.

> **아하!** 애벌레는 가래나무, 굴피나무의 잎을 먹고 자란다. 어른벌레의 앞날개 무늬는 마른 낙엽이 말린 것처럼 보이므로 훌륭한 보호색 역할을 한다.

44 **나비목(나방)**

꽃술재주나방

재주나방과
스핀하늘나방

날개편길이 75~78mm. 더듬이와 몸은 대체로 흑갈색이다. 앞날개는 담황갈색이고 가운데에 S자 모양의 흰색 선이 있다. 뒷날개는 회갈색이고 뒷면 가운데에 흑갈색 점이 1개 있다. 어른벌레는 대개 5~8월에 발견된다. 한국, 중국, 인도, 일본, 미얀마, 네팔, 타이완, 베트남에 분포한다.

주름재주나방

재주나방과
등먹재주나방, 주름하늘나방

날개편길이 49~62mm. 더듬이는 담갈색 빗살 모양이다. 앞날개는 회백색이고 회갈색 비늘에 덮여 있으며 톱니 모양의 담갈색 줄 무늬가 주름처럼 보인다. 앞·뒷날개의 뒷면에는 검은색 점이 있다. 어른벌레는 대개 5~8월에 발견된다. 한국, 중국, 일본, 러시아에 분포한다.

> 애벌레는 개물푸레나무, 황철나무, 아까시나무, 다릅나무, 등나무 등의 잎을 먹는다.

푸른곱추재주나방

재주나방과
푸른곱추하늘나방

날개편길이 65mm 정도. 앞날개의 표면은 유백색으로 뒤가장자리는 노란색이고 그 외는 옅은 청록색 비늘가루가 깔려 있다. 앞날개 가운데에 은백색 점이 2개 있으며 바깥가장자리는 톱니 모양이다. 어른벌레는 대개 5~8월에 발견된다. 한국, 중국, 일본, 러시아에 분포한다.

큰나무결재주나방
재주나방과

날개편길이 60~65mm. 더듬이는 짙은 갈색 빗살 모양이고 몸과 날개는 회백색이다. 앞날개 안쪽에 2개, 바깥쪽으로 7개의 검은색 점이 열을 이루고 있고 가운데에는 검은색 가락지 모양과 콩팥 모양의 무늬가 있다. 어른벌레는 4~8월에 발견된다. 한국, 중국, 일본, 러시아, 타이완에 분포한다.

> **아하!** 애벌레는 은백양나무, 황철나무, 미류나무, 사시나무, 버드나무류의 잎을 먹는다.

깜둥이창나방
창나방과

날개편길이 14~17mm. 더듬이는 검은색 빗살 모양이다. 머리는 검은색이고 노란색 비늘조각이 섞여 있다. 배의 등쪽면에 흰색 띠가 2~3개 있다. 날개는 모두 검은색이고 가운데에 반투명한 부분이 있으며 적황색 점이 퍼져 있다. 어른벌레는 대개 5~8월에 발견되며 주로 낮에 활동한다. 한국, 일본에 분포한다.

> **아하!** 어른벌레는 낮에 민첩하게 날아다니며 각종 야생화에 잘 모인다.

갈고리박각시
박각시과

날개편길이 80~85mm. 몸과 앞날개는 회색이고 가슴의 양 옆은 녹색이다. 앞날개에 넓은 녹갈색 띠가 있고 날개 끝은 갈고리처럼 굽어 있으며 가로맥 위에 검은색 점이 1개 있다. 뒷날개는 등회색이고 바깥가장자리는 담홍색이다. 어른벌레는 4~7월에 발견된다. 한국, 중국, 타이완에 분포한다.

아하! 애벌레는 가래나무의 잎을 먹고 자란다. 애벌레는 가래나무의 잎을 먹는다. 날개 끝이 굽어 갈고리처럼 보이는 데서 이름이 유래한다.

물결박각시
박각시과

날개편길이 60~68mm. 몸과 앞날개는 암황회색이고 흰색 비늘조각이 섞여 있으며 복부의 가운데에 흑갈색 무늬가 뚜렷하다. 앞날개의 줄무늬는 검은색이고 물결 모양의 세로줄이 여러 개 있다. 뒷날개는 암갈색이고 진갈색의 가로줄이 있다. 어른벌레는 5~8월에 발견된다. 한국, 중국, 일본, 러시아에 분포한다.

아하! 애벌레는 쥐똥나무, 광나무, 물푸레나무의 잎을 먹고 자란다. 이름은 날개에 물결무늬가 많은 데서 유래한다.

뱀눈박각시
박각시과

날개편길이 75~80mm. 몸과 앞날개는 암회갈색이고 가슴 등면에 굵은 갈색 줄이 있다. 앞날개에 가느다란 물결선이 길게 2줄 있다. 뒷날개 바깥가장자리 부근에 검은색 테두리로 둘러싸인 큰 홍색 무늬가 있다. 어른벌레는 5~7월에 발견된다. 한국, 중국, 일본, 러시아에 분포한다.

어!하! 이름은 뒷날개에 있는 커다란 홍색 무늬가 뱀눈 모양인 것에서 유래한다.

벚나무박각시
박각시과

날개편길이 96~118mm. 몸과 날개는 회갈색이고 몸 가운데에 검은색 줄무늬가 있다. 날개의 가운데에 커다란 검은색 무늬가 있으며 바깥 가장자리는 물결 모양이다. 뒷날개에 불분명한 물결 모양 가로선이 3개 있다. 어른벌레는 5~8월에 발견된다. 한국, 중국, 일본, 러시아에 분포한다.

우단박각시
박각시과

날개편길이 47~62mm. 몸과 앞날개는 암록색을 띤 갈색이고 목과 가슴에 흰색 테두리가 있으며 가슴 뒤쪽에 등갈색 무늬가 있다. 날개의 맥 위에 작은 검은 점들이 있으며 뒷날개 바깥가장자리에 등갈색 무늬가 있다. 어른벌레는 5~8월에 발견된다. 한국, 중국, 일본, 몽고, 러시아, 타이완에 분포한다.

 애벌레는 머루나무, 포도나무 등 포도과 식물의 잎을 먹는다.

주홍박각시
박각시과

날개편길이 57~63mm. 몸과 날개 전체에 주홍빛이 돌며 더듬이는 주홍색이다. 날개 뒷면에 비스듬한 분홍색 띠가 있고 바깥가장자리는 분홍색이다. 뒷날개는 분홍색이며 넓은 검은색 부분이 있다. 어른벌레는 5~9월에 발견된다. 한국, 중국, 유럽, 인도, 일본, 러시아, 타이완, 미국, 베트남에 분포한다.

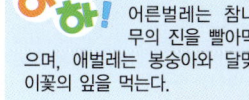 어른벌레는 참나무의 진을 빨아먹으며, 애벌레는 봉숭아와 달맞이꽃의 잎을 먹는다.

줄박각시
박각시과

날개편길이 55~69mm. 앞가슴의 등면과 옆, 앞날개에 등황색 줄무늬가 뚜렷하다. 앞날개는 황갈색이고 바깥 가장자리는 흰색이며 가느다란 선이 6개 있다. 뒷날개는 흑갈색이고 가장자리 부분은 넓게 담등색이다. 어른벌레는 5~9월에 발견된다. 한국, 중국, 일본, 한국, 러시아, 타이완에 분포한다.

아하! 애벌레는 토란이나 포도과 식물의 잎을 먹는다. 이름은 몸과 날개의 선명한 줄에서 유래한다.

쥐박각시
박각시과

아하! 먹이식물로는 참깨, 능소화, 오동나무, 쥐똥나무, 목련 등으로 알려져 있다.

날개편길이 100mm 정도. 몸과 앞날개는 암회색이고 가슴은 검은색 줄로 둘러싸인다. 앞날개는 가운데에 검은색 물결 무늬가 2개 있고 경사진 굵은 선이 있으며 바깥가장자리 기부 쪽에 검은색의 털이 나 있다. 뒷날개는 흑갈색이다. 어른벌레는 6~8월에 발견된다. 한국, 중국, 일본, 타이완에 분포한다.

아하! 이름은 가슴의 검은색과 노란색 줄로 된 사람 얼굴 모양의 무늬에서 유래한다.

탈박각시
박각시과

날개편길이 104~112mm. 머리와 가슴은 회흑색이고 가슴에 검은색과 노란색 줄로 된 사람 얼굴 무늬가 있다. 앞날개는 검은색이고 작은 흰점이 퍼져 있고 가운데에 검은색 물결선이 2개의 횡대를 이루고 있다. 어른벌레는 7~9월에 발견된다. 한국, 중국, 인도, 일본, 말레이시아, 타이완, 베트남에 분포한다.

톱날개박각시
박각시과

날개편길이가 71~98mm. 몸과 앞날개는 암회색이고 날개의 바깥가장자리는 톱니 모양이고 맥선은 황갈색으로 뚜렷하다. 날개의 무늬는 거의 불분명하고 뒷날개에 희미한 횡대가 1줄 있다. 어른벌레는 대개 5~8월에 발견된다. 한국, 중국, 유럽, 일본, 러시아에 분포한다.

> **아하!** 이름은 날개의 바깥가장자리가 톱니 모양인 것에서 유래한다.

재미있는 곤충 이야기

풀밭과 숲에서 살아가는 곤충

풀밭에는 여러 종류의 풀이 뒤섞여 자라므로 곤충에게는 잎과 꽃가루 등 다양한 먹이가 제공되는 만큼 그 종류도 많다. 또 곤충에게는 가장 두려운 천적인 사람의 발길이 뜸하므로 그만큼 살기 좋은 곳이기도 하다. 풀밭에는 여치, 사마귀, 딱따기, 쌍살벌, 말벌, 애호리병벌 등이 산다.

나무가 많은 숲에는 상처가 난 나무의 진액을 빨아먹고 사는 곤충들이 많이 모인다. 숲에는 장수풍뎅이, 사슴벌레, 매미, 진딧물, 밤나무산누에나방 등이 사는데 주로 오후에 활동한다. 숲에는 여러 가지 곤충이 살지만 개구리와 새 등 각 곤충의 천적도 많다.

황나꼬리박각시
박각시과 항나박각시

날개편길이 40mm 정도. 몸은 황갈색이고 가슴의 배면과 뒷날개 뒷가장자리는 등황색이며 꼬리 부분에 꼬리술이 있다. 날개는 투명하고 검은색 가장자리는 안쪽을 향하여 톱니 모양으로 돌출한다. 어른벌레는 대개 5~7월에 발견된다. 한국, 중국, 일본, 러시아에 분포한다.

아하! 이름은 투명한 막으로 된 날개가 항나처럼 보이는 것에서 유래한다. 성기게 짠 여름용 옷감을 황나(항나)라고 부른다.

Lepidoptera
나비목
(나비)

나비 몸의 생김새

앞날개, 더듬이, 겹눈, 입, 앞다리, 가운뎃다리, 가슴, 뒷다리, 배, 뒷날개

가락지나비
네발나비과

날개편길이 45mm 정도. 암컷이 수컷보다 약간 크고 한라산의 1,200m 이상 지대의 건조한 풀밭에서 서식한다. 앞·뒷날개에 가락지 모양의 무늬가 여러 개 있으며 각 무늬 가운데는 흰색이고 둘레는 담황색이다. 어른벌레는 7~8월에 볼 수 있다. 한국, 중국, 러시아, 유럽에 분포한다.

아하! 어른벌레는 풀과 나무 사이를 낮게 날아다니다가 금방망이 등의 꽃에서 꿀을 빨아먹는다.

거꾸로여덟팔나비
네발나비과

날개편길이 48mm 정도. 낮은 산지의 계곡이나 길가 주변에서 서식한다. 암컷은 수컷보다 날개가 둥글고 윗면의 얼룩 무늬가 크다. 봄형은 날개 윗면이 흑갈색이고 등황색 그물눈무늬가 있고 여름형은 날개 가운데에 흰띠가 있다. 어른벌레는 5~8월에 볼 수 있다. 한국, 중국, 일본, 러시아에 분포한다.

> **아하!** 어른벌레는 고추나무, 얇은잎고광나무, 쉬땅나무, 마타리 등의 꽃에서 꿀을 빨아먹는다.

| 알 | 애벌레 |

네발나비
네발나비과
씨알붐나비

날개편길이 50~60mm. 낮은 계곡 주변이나 강가에서 산다. 뒷날개 뒷면에 C자형 무늬가 있다. 여름형은 날개 윗면이 황갈색이고 검은 점이 있으며 아랫면은 갈색 줄무늬가 있으나, 가을형은 윗면이 붉은 색이고 아랫면은 짙은 적갈색이다. 어른벌레는 4~10월에 발견된다. 한국, 중국, 인도, 일본, 타이완에 분포한다.

번데기에서 갓 우화한 어른벌레

번데기

아하! 여름형 어른벌레는 나무 진에 모여들고 가을형 어른벌레는 구절초나 산국 등의 꽃에서 꿀을 빨며, 떨어진 감의 과즙을 먹기도 한다.

나비목(나비) 61

먹그림나비
네발나비과

아하! 수컷은 참나무류의 진이나 짐승의 배설물, 썩은 과일 등에서 즙을 빨아먹는다.

날개편길이 64~70mm 정도. 남부 지방과 서해안, 제주도의 상록수 숲 가에서 산다. 암컷이 수컷보다 크고 날개의 폭도 넓다. 날개 윗면은 푸른 기가 도는 검은색이고 흰색 무늬가 있다. 어른벌레의 봄형은 여름형보다 흰색 무늬가 발달해 있다. 어른벌레는 5~8월에 발견된다. 한국, 중국, 인도, 일본, 타이완에 분포한다.

재미있는 곤충이야기

나비 애벌레의 은신처

나비의 애벌레는 쉬는 장소가 일정하다. 왕오색나비처럼 잎 위에서 쉬는 것, 먹그늘나비처럼 잎 뒤에서 쉬는 것, 금강산녹색부전나비처럼 굵은 나뭇가지가 갈라진 곳에서 쉬는 것 등 여러 가지가 있다. 애벌레의 쉼터에는 모두 실을 토하여 발판을 만들고 있으며 먹이를 찾을 때는 그곳에서 나간다. 상제나비나 눈나비는 실을 토하여 주머니 모양의 특별한 집을 만들고 그 속에서 집단 생활을 한다. 큰멋쟁이나비는 식물의 잎으로 집을 만들고 끝에서부터 먹어들어가 다 먹으면 새로운 잎으로 옮긴다. 왕세줄나비는 겨울을 날 때만 집을 만들고 그 속에서 겨울잠을 잔다.

알

2령애벌레

3령애벌레

번데기

수노랑나비
네발나비과

아하! 어름벌레는 참나무의 진에 잘 모이고 애벌레는 팽나무와 풍게나무의 잎을 먹는다.

날개편길이 65~80mm. 낮은 산지의 계곡이나 그 주변에서 서식한다. 수컷이 암컷보다 크기가 작다. 수컷은 날개 윗면이 황갈색이고 암컷은 흑갈색이다. 앞날개에 검은색 눈알 모양이 있으며 뒷날개 바깥가장자리에 흑갈색 띠가 2~3개 있다. 어른벌레는 6~8월에 발견된다. 한국, 중국, 인도, 타이완에 분포한다.

큰멋쟁이나비
네발나비과

날개편길이 55~65mm. 평지의 숲 가장자리나 낮은 산지의 양지 쪽 풀밭에서 산다. 앞날개와 뒷날개 가운데에는 큰 황적색 무늬가 있다. 뒷날개 표면은 흑갈색이고 바깥 가장자리만 적등색이며 검은색 점무늬가 한 줄 있다. 어른벌레는 5~10월에 발견된다. 한국, 중국, 유럽, 일본, 러시아, 타이완, 미국에 분포한다.

와하! 어른벌레는 참나무의 진이나 썩은 과일, 오물 등에서 즙을 먹고 국화나 엉겅퀴의 꽃에서 꿀을 빨아먹는다.

1 알 2~4 애벌레 5 번데기 6~8 우화 과정

나비목(나비)

작은멋쟁이나비
네발나비과

날개편길이 55~70mm. 낮은 산지의 숲 근처 양지바른 풀밭에서 서식한다. 앞날개 가운데와 뒷날개 가운데에는 커다란 황적색 무늬가 있고 뒷날개 바깥선두리에는 검은색 무늬가 3줄 있는데 안쪽 것이 가장 크다. 어른벌레는 5~10월에 발견된다. 한국, 중국, 일본, 러시아, 타이완에 분포한다.

아하! 참나무의 진에 잘 모이며, 국화나 엉겅퀴의 꽃에서 꿀을 빨아먹는다.

부처사촌나비
네발나비과

날개편길이 42~50mm. 마을 부근의 잡목림 내부나 가장자리의 풀밭에서 서식한다. 몸과 날개는 진회갈색이고 날개에 눈알 모양의 무늬가 여러 개 있다. 날개 뒷면의 줄무늬는 자갈색이고 앞날개 가운데에 있는 흰색 띠는 약간 보라색을 띤다. 어른벌레는 4~10월에 발견된다. 한국, 중국, 인도, 일본에 분포한다.

아하! 축축한 물가나 썩은 과일 등에 잘 모인다. 흐린 날에도 잘 날며 맑은 날에는 저녁 무렵에 활발히 활동한다.

부처나비
네발나비과

날개편길이 42~55mm. 마을 부근의 잡목림 그늘, 숲길, 논 등에서 서식한다. 몸과 날개는 회갈색이고 날개에 눈알 모양의 무늬가 여러 개 있다. 날개 뒷면의 줄무늬는 황백색이고 암컷은 수컷보다 바탕색이 연하다. 어른벌레는 4~10월에 발견된다. 한국, 중국, 러시아, 타이완, 일본에 분포한다.

> **아하!** 톡톡 튀듯이 날며, 앉을 때 날개를 접지만 햇빛이 강할 때는 날개를 반쯤 펴기도 한다. 참나무의 진과 썩은 과일의 즙을 빨아먹는다.

1 우화 직전의 번데기　2~8 우화 과정

나비목(나비)

뿔나비
네발나비과

날개편길이 42~48mm. 산지의 활엽수가 많은 곳에서 서식한다. 아랫입술수염이 서로 붙어서 긴 주둥이 모양이 되었다. 날개 가운데에 큰 등황색 무늬가 있고 앞날개 끝부분에 흰색 점무늬가 4개 있다. 어른벌레는 3~10월에 발견된다. 한국, 중국, 유럽, 일본, 러시아, 타이완에 분포한다.

아하! 아랫입술수염이 서로 붙어서 긴 주둥이 모양의 뿔처럼 앞으로 쏙 튀어나왔기 때문에 뿔나비라는 이름이 붙었다.
길가의 습지에 떼지어 물을 먹고 일광욕을 하는 일이 많다. 썩은 과일이나 동물의 사체에 잘 모이지만 꽃에서 꿀을 빨기도 한다.

1 알 2 애벌레 3 번데기 4~10 우화 과정

나비목(나비)

들신선나비
네발나비과

> **와!** 참나무의 진에 모이며 꽃에서 꿀을 빨기도 한다. 길가의 습지나 산지의 임도에 앉아 일광욕을 하는 경우가 많다.

날개편길이 70mm. 잡목림 주변이나 개울가에서 서식한다. 날개 뒷면은 흑갈색이고 물결 모양 무늬가 있다. 앞날개에 커다란 등황색 무늬가 있고 뒷날개 바깥가장자리에 남색 무늬가 줄지어 있다. 어른벌레는 연중 볼 수 있다. 한국, 중국, 유럽, 일본, 러시아, 타이완에 분포한다.

번데기

재미있는 곤충이야기

곤충의 식사

곤충들이 먹는 먹이는 다양하다. 무엇이든지 닥치는대로 먹어 치우는 곤충이 있는가 하면 어느 한 가지만 먹는 곤충도 있다. 어떤 곤충의 몸 속에는 독소를 분해할 수 있는 물질이 있어 다른 곤충은 먹지 못하는 것을 잘 먹기도 한다. 자연의 세계에는 먹이가 한정되어 있으므로 같은 종끼리 먹이를 두고 싸우는 일이 흔하며 심지어는 서로 잡아먹기도 한다.

나비 대개의 나비는 풀꽃에서 꿀이나 꽃가루를 먹는다. 종류에 따라서는 나무의 진액이나 동물의 사체를 빨아먹기도 한다.

쇠똥구리 쇠똥으로 작은 공 모양을 만들어 모래땅에 파 놓은 구멍에 밀어넣고, 그 구멍에서 쇠똥공을 파먹는다.

송장벌레 죽은 동물의 몸을 파먹거나 땅 속에 묻었다가 먹기도 한다.

딱정벌레 곤충이나 지렁이 등을 먹는다. 특히 가늘고 긴 목을 달팽이 껍질 속에 넣고 달팽이의 살을 녹여가면서 먹는다.

무당벌레 진딧물을 주로 먹고 살기 때문에 해충을 없애 주는 익충으로 알려져 있다. 애벌레 시기에는 서로 잡아먹기도 한다. 알에서 먼저 나온 애벌레는 나머지 알을 모두 먹어치우는데, 이것은 자연의 생존경쟁에서 살아남기 위한 투쟁이다.

아하! 팽나무·버드나무 등에 해를 끼치는 벌레이며, 번데기가 나비로 될 때 붉은 핏빛의 액체를 내뿜는다.

청띠신선나비
네발나비과

날개편길이 50~60mm. 날개 앞면에 청색 띠가 있다. 여름형은 날개 아랫면에 검은색, 갈색, 청백색의 가는 무늬가 많고 색의 짙고 연함이 뚜렷하나 가을형은 흑갈색을 띠며 색의 짙고 연함의 차이가 적다. 어른벌레는 대개 4~10월에 발견된다. 한국, 중국, 일본, 타이완, 남아시아에 분포한다.

참나무류의 수액이나 썩은 과일에 잘 모이며 길 위나 나무 줄기에는 앉지만 꽃에는 잘 모이지 않는다.

날개를 편 모양

1 알 2 애벌레 3 번데기 4~8 우화 과정

왕오색나비
네발나비과

날개편길이 75~100mm. 마을에 인접한 잡목림에서 서식한다. 날개는 흑갈색 바탕에 흰색과 노란색 무늬가 많다. 날개의 뒷면에 수컷은 청색 비늘가루, 암컷은 노란색 비늘가루가 있어 윤이 난다. 어른벌레는 대개 6~8월에 발견된다. 한국, 중국, 일본, 타이완에 분포한다. 반출금지종.

아하! 상수리나무, 느릅나무 등의 수액에 잘 모이며 애벌레는 풍게나무의 잎을 먹는다.

1~3 애벌레 4 번데기 5~8 우화 과정

나비목(나비) 77

날개를 편 모습

알

애벌레

번데기

황오색나비
네발나비과

날개편길이 63~74mm. 평지나 산지의 버드나무가 많은 곳에서 서식한다. 수컷 날개의 윗면은 검은색이고 가운데에는 주황색 띠가 있으며 가장자리 부근에 갈색 띠가 있다. 날개 윗면에 비스듬히 빛을 쪼이면 파랑색으로 빛난다. 어른벌레는 6~10월에 발견된다. 한국, 유럽, 일본, 러시아, 타이완에 분포한다.

> **아하!** 애벌레는 수양버들, 갯버들, 호랑버들, 졸참나무의 잎을 먹는다.

유리창나비
네발나비과

날개편길이 54~65mm. 낮은 산지의 계곡, 숲 가장자리에서 서식한다. 날개는 황갈색 바탕에 검은색 무늬가 있고 날개 끝부분에 투명한 막질의 무늬가 있다. 뒷날개에는 바깥가장자리를 따라 검은색 무늬가 줄지어 있다. 어른벌레는 4~6월에 발견된다. 한국, 중국, 일본, 타이완에 분포한다. 반출금지종.

애벌레의 은신처(내부)

애벌레의 은신처(외부)

아하! 앞날개에 있는 투명한 무늬가 유리창 모양이어서 이름이 유래되었다. 애벌레는 팽나무, 풍게나무의 잎을 먹는다.

은판나비
네발나비과

날개편길이 79~112mm. 잡목림이 많은 산지에서 서식한다. 앞날개는 흑갈색이고 작은 흰색 무늬가 있다. 뒷날개 앞면은 흑갈색이고 큰 흰색 무늬가 있으며, 뒷날개 뒷면은 은청색이고 윤이 나며 가운데에 등황색 띠가 있다. 어른벌레는 6~8월에 발견된다. 한국, 중국, 러시아에 분포한다.

아하! 애벌레는 느티나무, 느릅나무 등의 잎을 먹는다.

재미있는 곤충이야기

반출금지종(곤충)

반출금지종(곤충)은 곤충을 우리 나라 밖으로 가지고 나갈 때 환경부장관의 승인을 얻어야 하는 곤충의 종류를 말한다. 환경 악화 등으로 개체 수가 급격히 줄어 멸종 위기에 처하거나 생물학적으로 중요한 생물에 대하여 환경부에서 자연환경보전법 제41조 제1항 및 동법시행령 제40조 제1항 제2호의 규정에 의하여 생물자원지정(환경부 고시 제2001-210호, 2002.1.7)을 한 것이다. 환경부장관의 승인을 얻지 않고 생물자원을 우리 나라 밖으로 반출한 사람은 자연환경보전법 제65조의 규정에 의거 1년 이하의 징역 또는 1천만원 이하의 벌금에 처하게 된다.

※ 반출금지종 곤충류 54종

가는무늬하루살이, 가랍하루살이, 강하루살이, 개오동명나방, 검정나무벌, 고수귀뚜라미붙이, 괴불왕애기잎말이나방, 규산애꽃벌, 극동붙이금풍뎅이, 금빛하루살이, 긴다리소똥구리, 네점노랑물명나방, 노랑띠họ나방, 대추애기잎말이나방, 동대귀뚜라미붙이, 두눈강도래, 등근허리애꽃벌, 뭉툭강도래, 미카도애꽃벌, 민날개강도래, 보라금풍뎅이, 비룡귀뚜라미붙이, 비카리아집게벌레, 사슴벌레, 숯검은애기잎말이나방, 애기뿔소똥구리, 연날개수염치레각날도래, 왕가위벌, 왕무늬애기잎말이나방, 왕사슴벌레, 왕소똥구리, 왕오색나비, 원표애보라사슴벌레, 유리산누에나방, 유리창나비, 작은실잠자리, 좀청실잠자리, 중국애꽃벌, 참나무산누에나방, 참나무하늘소, 참넓적사슴벌레, 청실잠자리, 청줄벌, 총채민강도래, 큰청실잠자리, 털애꽃벌, 한국강도래, 한국민날개강도래, 한국큰그물강도래, 호랑하늘소, 홍점알락나비, 흰날개큰집명나방, 흰물결물명나방, 흰줄꼬마꽃벌.

굵은줄나비
네발나비과

날개편길이 35~60mm. 넓은 풀밭이나 숲 가장자리, 논둑, 마을 근처에서 서식한다. 날개 가운데에 넓은 흰색 띠 무늬가 있다. 암컷은 앞날개 기부에서 나온 곤봉과 고치 모양의 흰색 무늬가 있고 그 가운데에 붉은 점이 있다. 어른벌레는 대개 6~8월에 발견된다. 한국, 중국, 러시아에 분포한다.

아하! 수컷은 물가에 잘 모이고 싸리나무나 조팝나무 등의 꽃에서 꿀을 빨아먹는다.

번데기

어리세줄나비
네발나비과

> **와하!** 날개의 세로줄이 시골에서 병아리를 가둬 기르기 위해 싸리나무 가지로 만든 어리와 비슷하다고 하여 어리세줄나비라고 한다.

날개편길이 75mm 정도. 암컷이 수컷보다 크다. 잡목림이 많은 산지의 계곡이나 임도, 숲 가장자리에서 서식한다. 날개는 암회색이고 맥줄은 검은색으로 뚜렷하며 바깥가장자리 부근에 암색 무늬가 있다. 어른벌레는 대개 5~6월에 발견된다. 한국, 중국, 러시아에 분포한다.

별박이세줄나비
네발나비과

날개편길이 45~60mm. 길가나 논둑에서 서식한다. 날개 윗면은 흑갈색 바탕에 흰색 점들이 띠를 이루고 있어 3줄처럼 보인다. 앞날개 윗면의 기부에서 나온 흰띠가 5개로 나뉘고 뒷날개 아랫면 기부에 10개 정도의 검은점이 있다. 어른벌레는 대개 5~6월에 발견된다. 한국, 중국, 러시아에 분포한다.

짝짓기를 하고 있는 별박이세줄나비

아하! 산초나무, 조팝나무의 꽃에서 꿀을 빨아먹는다. 또한 오디와 같은 열매나 새똥, 다른 동물의 사체에 모여 즙을 빠는 일이 많다.

1 알 2 번데기 3~7 우화 과정

5

6

7

나비목(나비) 85

왕세줄나비
네발나비과

아하! 비행기가 활강하듯 나무 사이를 힘차게 날아다니고 물가에 잘 모이며 산초나무, 쥐똥나무 등의 꽃에서 꿀을 빨아먹는다.

날개편길이 72~95mm. 산지 마을의 과수원 주변에서 서식한다. 날개 윗면은 흑갈색 바탕에 흰색 점들이 띠를 이루고 있어 3줄처럼 보인다. 앞날개 기부에서 나온 흰색 띠 무늬의 윗부분이 톱니 모양이다 어른벌레는 대개 6~8월에 발견된다. 한국, 중국, 러시아, 일본에 분포한다.

왕줄나비
네발나비과

날개편길이 72~95mm. 높은 산지의 계곡이나 숲 가장자리에서 서식한다. 날개 앞면은 검은색이고 뒷면은 적갈색이다. 앞날개 가운데에 一자 모양 흰무늬가 있고 바깥가장자리 부근에 등황색 무늬가 줄지어 있다. 어른벌레는 대개 6~7월에 발견된다. 한국, 중국, 유럽, 일본, 러시아에 분포한다.

> **아하!** 수컷은 축축한 물가에 잘 내려앉는다. 간혹 새나 동물의 배설물에도 모이나 풀꽃에서는 거의 꿀을 빨지 않는다.

제이줄나비
네발나비과

날개편길이 57mm 정도. 잡목림이 많은 산지의 계곡, 산길 가장자리에서 서식한다. 앞날개 앞면의 흰무늬가 크고 바깥가장자리 부근에 흰점이 줄지어 있다. 뒷날개 뒷면의 흰색 띠는 폭이 넓고 가장자리 부근의 흰색 무늬에 검은색 점이 있다. 어른벌레는 대개 5~9월에 발견된다. 한국, 중국, 러시아에 분포한다.

1 애벌레 2 번데기 3~8 우화 과정

아하! 계곡의 습한 곳에 잘 모이며, 산초나무·조팝나무의 꽃에서 꿀을 빨고 동물의 배설물에도 잘 모인다.

황세줄나비
네발나비과

날개편길이 70~80mm. 참나무류가 많은 산의 양지쪽 풀밭이나 길가에서 서식한다. 날개 앞면은 흑갈색 바탕에 노란색 줄무늬가 있고 뒷면은 황갈색 바탕에 담황색 줄무늬가 있으며 무늬가 흰색인 것도 있다. 어른벌레는 대개 6~8월에 발견된다. 한국, 중국, 러시아에 분포한다.

아하! 약간 그늘진 바위 위의 축축한 곳이나 길가에 잘 모이며, 암컷은 떡갈나무의 잎 끝에 한 개씩 알을 낳는다.

재미있는 곤충이야기

곤충과 식물의 꽃

곤충은 식물의 냄새에도 끌리지만 꽃의 빛깔이나 생김새에 더 끌린다고 한다. 대부분의 곤충은 흰색 꽃과 넓은 꽃잎을 좋아한다. 꽃잎이 길고 좁은 꽃에서는 꿀을 빨아먹기가 어렵기 때문이다. 곤충이 식물의 꽃에서 먹이를 얻기만 하는 것은 아니다. 곤충은 먹이를 얻는 대신에 수술의 꽃가루를 곤충의 몸에 묻혀 다른 꽃의 암술에 옮겨준다. 식물은 이 덕분에 수정을 하고 열매를 맺어 후손을 퍼뜨릴 수 있게 되는 것이다. 그래서 식물들은 곤충이 쉽게 찾아올 수 있도록 꽃의 향기는 물론 빛깔·모양·크기를 진화시켜 왔다고 한다.

참산뱀눈나비
네발나비과

날개편길이 46~53mm. 산지와 풀밭의 양지바른 장소에서 서식한다. 더듬이의 끝은 곤봉형이다. 날개는 개체에 따라 변이가 심한데 대개 황회색이고 날개 바깥가장자리 부근에 검은색 테무늬가 있으며 앞날개의 무늬는 눈알 모양이다. 어른벌레는 4~5월에 발견된다. 한국, 중국에 분포한다.

> **아하!** 조팝나무 등의 꽃에서 꿀을 빨며 수컷은 일광욕을 하기 위하여 태양에 비스듬히 날개를 펴고 풀 위에 앉는다.

도시처녀나비
네발나비과

날개편길이 35~40mm. 하천 주변의 초지, 마을 주변의 야산에서 서식한다. 날개는 등황색이고 눈알 모양 무늬가 윗면에는 5개, 뒷면에는 10개 정도 있으며, 날개 뒷면의 흰색 띠는 개체에 따라 넓이와 길이가 다르다. 어른벌레는 5~6월에 발견된다. 한국, 중국, 유럽, 일본, 러시아에 분포한다.

와하! 힘차게 활강하듯 나무 사이를 날아다니고 물가에 모이며 산초나무, 쥐똥나무 등의 꽃에서 꿀을 빨아먹는다.

시골처녀나비
네발나비과

쑥부쟁이·민들레·엉겅퀴 등의 꽃에서 꿀을 빨며, 숲 속의 땅 위에서 날개를 기울여 일광욕을 한다.

날개편길이 35~40mm. 건조한 풀밭이나 남쪽 해안가의 풀밭에서 서식한다. 날개 앞면은 등황색이고 날개 가장자리 부근에 검은색 점과 눈알 모양 무늬가 여러 개 있다. 암컷은 수컷보다 눈알 모양 무늬가 크고 뚜렷하여 쉽게 구별된다. 어른벌레는 5~9월에 발견된다. 한국, 중국, 몽고, 러시아에 분포한다.

작은은점선표범나비
네발나비과

날개편길이 42~45mm. 주로 강이나 하천 변의 풀밭에서 서식한다. 날개는 등황색 바탕에 검은 무늬가 퍼져 있으며, 뒷날개 뒷면의 가운데에 노란색 띠가 있고 밑부분과 가장자리 부근에 은색 무늬가 있다. 어른벌레는 3~10월에 발견된다. 한국, 중국, 유럽, 러시아에 분포한다.

1 번데기 2~6 우화 과정

아하! 봄에서 가을까지 산란지 주변의 여러 꽃에 모여 꿀을 빨고 풀밭 위를 천천히 낮게 날아다닌다.

나비목(나비) 95

아하! 어른벌레는 엉겅퀴, 토끼풀, 덤불조팝나무 등의 꽃에서 꿀을 빨아먹는다.

큰은점선표범나비
네발나비과 **큰은점표범나비**

날개편길이 42~48mm. 해발 600m 이상 산지의 계곡 주변 풀밭에서 서식한다. 뒷날개 아랫면에 등갈색 비늘이 넓게 퍼져 있고 가운데에 넓은 담녹색 띠가 있으며 바깥가장자리 부근에는 은색 무늬가 줄지어 있다. 어른벌레는 5~6월에 발견된다. 한국, 중국, 러시아에 분포한다.

금빛어리표범나비
네발나비과

날개편길이 40~60mm. 건조한 석회암 지대의 계곡이나 경사진 언덕의 풀밭에서 서식한다. 뒷날개 아랫면의 바깥가장자리 부근에 넓은 금빛 띠가 있고 그 속에 검은 점이 줄지어 있다. 암컷은 수컷보다 크며 날개 모양이 둥그스름하다. 어른벌레는 대개 5~6월에 발견된다. 한국, 중국, 러시아에 분포한다.

> 어른벌레는 엉겅퀴, 토끼풀, 덤불조팝나무 등의 꽃에서 꿀을 빨아먹는다.

백두산표범나비
네발나비과

날개편길이 42~55mm. 함경 북도의 고산 지대에서 서식한다. 날개 앞면은 등황갈색 바탕에 흑갈색 무늬가 있고 날개 밑과 가운데띠에 은색 무늬가 있다. 앞날개 가운데에 가로무늬가 4개 있으며 뒷날개 뒷면은 보랏빛을 띤 갈색 비늘가루로 덮여 있다. 생태에 대해서는 잘 알려져 있지 않다. 한국, 시베리아 등지에 분포한다.

봄어리표범나비
네발나비과 어리표범나비

날개편길이 22~62mm, 산지의 풀밭에서 서식한다. 날개의 앞면은 등갈색이고 검은색 줄무늬가 바깥가장자리에 평행한다. 뒷날개 뒷면 가운데에 넓은 노란색 띠가 있다. 뒷날개의 앞면이 검은색으로 변하는 등 개체변이가 많다. 어른벌레는 대개 5~6월에 발견된다. 한국, 중국, 유럽, 일본, 러시아에 분포한다.

아하! 엉겅퀴, 큰까치수영, 얇은잎고광나무 등의 꽃에 잘 모여 꿀을 빨아먹는다.

산은줄표범나비
네발나비과

날개편길이 79mm 정도. 해발 700m 이상 산지의 풀밭에서 서식한다. 날개 앞면은 등황색이고 무늬와 바깥가장자리는 흑갈색이다. 뒷날개는 약간 녹색을 띠며 아랫면에 흰색과 암록색의 복잡하고 특이한 무늬가 있다. 어른벌레는 대개 6~8월에 발견된다. 한국, 중국, 러시아에 분포한다.

아하! 큰까치수영, 참싸리 등의 꽃에서 꿀을 빨며 암컷은 흐린 날에도 활발히 활동한다.

암끝검은표범나비
네발나비과

날개편길이 70~90mm. 저지대의 밭 주변 풀밭에서 서식한다. 날개는 등황색 바탕에 검은색 무늬가 퍼져 있다. 암컷의 앞날개 윗면은 끝쪽으로 절반 가량이 자흑색이고 그 속에 흰색 띠가 있다. 어른벌레는 2~11월에 발견된다. 한국, 오스트레일리아, 중국, 일본, 타이완에 분포한다.

짝짓기

아하! 엉겅퀴, 큰까치수영 등의 꽃에서 꿀을 빤다.

암컷

1 알
2, 3 애벌레
4 전번데기
5~11 우화 과정

1

2

3

4

수컷

나비목(나비) 101

은점표범나비
네발나비과

날개편길이 62mm 정도. 확 트인 양지쪽 풀밭에서 서식한다. 날개는 등황색이고 아랫면에 은백색 무늬가 있다. 암컷은 수컷보다 크고 날개의 폭이 넓고 둥그스름하며, 수컷은 앞날개의 맥에 검은색 굵은 줄 별무늬가 있다. 어른벌레는 5~9월에 발견된다. 한국, 중국, 유럽, 일본, 러시아에 분포한다.

아하! 엉겅퀴·개망초·마타리·개쉬땅나무·큰수리취 등의 꽃에서 꿀을 빨며, 애벌레는 제비꽃의 잎을 먹는다.

작은표범나비
네발나비과

날개편길이 43~48mm. 산의 계곡 주변 풀밭, 목장 주위에서 서식한다. 날개는 등황색 바탕에 검은색 무늬가 퍼져 있고 뒷날개 뒷면의 아래쪽은 청록색이다. 암컷은 수컷보다 크고 날개 모양이 둥그스름하며 날개 윗면 바탕색이 덜 붉다. 어른벌레는 6~8월에 발견된다. 한국, 중국, 유럽, 일본, 러시아에 분포한다.

엉겅퀴, 쥐똥나무 등의 꽃에서 꿀을 빤다.

홍점알락나비
네발나비과

날개편길이 70~85mm. 숲 가장자리나 산의 길가에서 서식한다. 날개는 검은색 바탕에 청백색 줄무늬가 있으며 뒷날개에 주홍색 무늬가 5개 있다. 봄형은 황녹색을 띠고 여름형은 봄형보다 크고 흰색을 띤다. 어른벌레는 5~9월에 발견된다. 한국, 중국, 일본, 타이완에 분포한다. 반출금지종.

아하! 참나무의 수액·동물의 배설물·습지에 잘 모이며, 애벌레는 팽나무·풍게나무의 잎을 먹는다.

1 알 2, 3 애벌레 4 번데기 5~8 우화 과정

흑백알락나비
네발나비과

날개편길이 70~85mm. 참나무가 많은 숲 가장자리나 그 근처의 계곡에서 주로 서식한다. 어른벌레는 5~8월에 발견된다. 날개는 흰색 바탕에 검은색 줄무늬가 있다. 봄형은 녹청색을 띠고 날개의 흰색 알락무늬도 넓으며 뒷면의 무늬가 적다. 한국, 중국, 일본, 러시아, 대만에 분포한다.

> **아하!** 참나무의 진이나 썩은 과일, 짐승의 배설물에 모이며, 애벌레는 팽나무, 풍게나무의 잎을 먹는다.

재미있는 곤충이야기

나비의 생존

곤충의 대부분은 알을 많이 낳지만 실제로 곤충의 수는 이 알의 수만큼 불어나지 않는다. 그것은 알에서 어른벌레가 되기까지 날씨가 나쁘거나 먹이가 부족할 수도 있고 천적에게 먹힐 수도 있기 때문이다.

나비는 적극적으로 상대방을 공격할 무기가 없으며 알에서 어른벌레가 될 때까지 사마귀, 잠자리, 쌍살벌 등 포식성 곤충과 거미와 새 등 많은 적들이 나타나 잡아먹게 된다. 이 많은 적들에 대항할 방어 수단이 없는 나비는 알을 많이 낳는 것으로 종족 번식의 대책을 세운다. 나비가 적게는 100여 개부터 많게는 1,000여 개의 알을 낳는데, 어른벌레가 되기까지 살아남을 확률은 매우 적다. 연구에 의하면 100개쯤 낳은 배추흰나비의 알이 애벌레가 되고 번데기가 된 후 어른벌레로 되는 것은 2마리뿐이라고 한다.

귤빛부전나비
부전나비과

날개편길이 42mm 정도. 잡목림의 계곡 주변이나 숲 가장자리에서 서식한다. 날개는 등황색이고 앞·뒷날개 앞면의 바깥가장자리에 있는 검은색 테두리가 뚜렷하며 날개 뒷면에 복잡한 흰색 선무늬가 있다. 어른벌레는 대개 5~7월에 발견된다. 한국, 중국, 러시아, 타이완에 분포한다.

이른 아침과 해질 무렵 활발하게 날아다니고 가끔 개망초의 꽃에서 꿀을 빨아먹는다.

남방부전나비
부전나비과

날개편길이 20~23mm. 낮은 산지와 들판의 풀밭에서 서식한다. 날개 앞면은 연한 암자색이고 가장자리는 넓은 암흑색 띠를 이루고 있다. 날개 뒷면에는 바깥가장자리를 따라 검은색 점들이 열지어 있다. 어른벌레는 봄부터 가을에 걸쳐 볼 수 있다. 한국, 중국, 인도, 이란, 일본, 필리핀, 타이완에 분포한다.

짝짓기

아하! 어른벌레는 평지에 낮게 날아다니며 풀꽃의 꿀을 빨아먹고 애벌레는 괭이밥의 잎을 먹는다.

1 알 2, 3 애벌레
4~7 우화 과정

나비목(나비)

담색긴꼬리부전나비
부전나비과

날개편길이 32~35mm. 산지의 참나무림 주변에서 서식한다. 앞날개 앞면은 암회색이고 가운데에 커다란 흑갈색 무늬가 있으며, 뒷날개 아래쪽에 작은 흑갈색 무늬가 4개 있으며 뒷날개의 꼬리는 가늘고 길다. 날개 뒷면은 회백색이고 무늬는 갈색이다. 어른벌레는 6~7월에 발견된다. 한국, 중국, 일본, 러시아에 분포한다.

알

범부전나비
부전나비과

날개편길이 30~40mm. 낮은 산지의 숲 가장자리나 계곡에서 서식한다. 날개 앞면은 암흑색 바탕에 큰 등황색 무늬가 있다. 날개 뒷면은 여름형이 갈색이고 봄형은 흰색이며 얼룩 무늬가 있다. 어른벌레는 4~8월에 발견된다. 한국, 중국, 일본, 러시아, 타이완에 분포한다.

짝짓기

아하! 애벌레는 콩과·범의귀과·장미과·철쭉과·층층나무과·무환자나무과 등에 속하는 식물의 꽃봉오리나 열매를 먹는다.

부전나비
부전나비과

애벌레

날개편길이 20mm 정도. 수컷의 날개 윗면은 고르게 청자색이며 바깥가장자리는 가느다란 검은색 테가 둘러져 있다. 암컷의 윗면은 흑갈색이고 뒷날개 윗면의 바깥가장자리를 따라 큰 고리 모양의 주황색 무늬가 줄지어 있다. 어른벌레는 대개 5월부터 발견된다. 한국, 중국, 유럽, 일본, 러시아에 분포한다.

1~7 우화 과정

아하! 암컷은 갈퀴나물 등에 1개씩 알을 낳으며 애벌레는 그 식물의 잎을 먹고 자란다.

나비목(나비) 113

암먹부전나비
부전나비과

날개편길이 25mm 정도. 숲 가장자리의 양지바른 풀밭이나 강둑에서 서식한다. 수컷은 날개 윗면이 청남색이고 바깥가장자리는 검은색으로 테가 둘러져 있으며, 암컷은 흑갈색이고 봄·가을형은 기부에 청남색의 비늘가루가 있다. 어른벌레는 3~9월에 발견된다. 한국, 중국, 일본, 타이완에 분포한다.

1~3 우화 과정

알

아하! 어른벌레는 갈퀴나물, 토끼풀, 싸리 등의 꽃에서 꿀을 빨아먹는다.

애벌레

번데기

번데기에서 갓 우화한 암먹부전나비

나비목(나비)

작은주홍부전나비
부전나비과

날개편길이 32mm 정도. 봄형의 앞날개는 주홍색이고 검은색 점이 퍼져 있다. 수컷은 앞날개 바깥가장자리가 직선상이고 날개 끝이 뾰족하며, 암컷은 수컷에 비해 크고 날개는 폭이 넓으며 모양이 둥그스름하다. 어른벌레는 봄부터 여름까지 볼 수 있다. 한국, 중국, 유럽, 일본, 러시아, 미국에 분포한다.

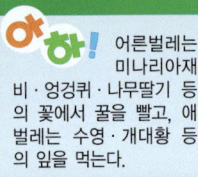
어른벌레는 미나리아재비·엉겅퀴·나무딸기 등의 꽃에서 꿀을 빨고, 애벌레는 수영·개대황 등의 잎을 먹는다.

1 애벌레 2~4 우화 과정

나비목(나비)

참까마귀부전나비
부전나비과

날개편길이 35mm 정도. 산지의 계곡이나 건조지의 관목림에서 서식한다. 날개 앞면은 흑갈색이고 뒷면은 흑회색이며 꼬리 모양 돌기는 길다. 뒷날개 앞면의 안쪽가장자리 부근에 등홍색 무늬가 있고 수컷은 앞날개 윗면에 회색 별무늬가 있다. 어른벌레는 6~7월에 발견된다. 한국, 중국, 러시아, 타이완에 분포한다.

아하! 개망초·큰까치수영의 꽃에서 꿀을 빨고, 애벌레는 갈매나무·떡갈매나무 등의 잎을 먹는다.

짝짓기

후치령부전나비
부전나비과

날개편길이 28~34mm. 날개 앞면은 수컷이 흑자색이고 암컷은 흑갈색이며 뒷면 아랫쪽에 남청색 비늘가루가 있다. 앞날개 가운데에 검은색 점들이 안쪽으로 구부러지며 줄지어 있다. 앞·뒷날개의 무늬는 모두 흰색 테두리가 있다. 우리나라의 북한 지방에 주로 분포한다.

알

작은홍띠점박이푸른부전나비
부전나비과

날개편길이 24~30mm. 낮은 산지의 양지바른 곳이나 마을 근처 길가에서 서식한다. 날개 앞면은 흑갈색이고 뒷면은 흰색이며 검은 점들이 뚜렷하게 줄지어 있다. 뒷날개 바깥가장자리 부근에 등황색 띠가 있다. 어른벌레는 4~7월에 발견된다. 한국, 중국, 유럽, 일본, 러시아에 분포한다.

어른벌레는 주로 민들레의 꽃에서 꿀을 빨고 애벌레는 돌나물의 잎을 먹는다.

푸른부전나비
부전나비과

날개편길이 26~34mm. 날개 뒷면은 흰색이고 바깥가장자리 부근에 갈색 줄무늬가 3개 있다. 수컷은 날개 윗면이 밝은 청남색이고 바깥가장자리는 가는 검정색 테가 둘러져 있다. 어른벌레는 봄부터 여름까지 볼 수 있다. 한국, 중국, 유럽, 일본, 러시아, 타이완, 미국에 분포한다.

애벌레는 싸리나무 · 땅비싸리, 아카시아 · 고삼의 잎을 먹고 자란다.

짝짓기

왕나비 왕나비과

날개편길이 100mm 정도. 남부 지방의 저지대에서 서식한다. 날개 윗면은 적갈색이며 흰색 무늬가 많다. 수컷은 뒷날개 안쪽가장자리에 검은색 별무늬가 있고 암컷은 앞날개에 작은 점무늬가 나타난다. 어른벌레는 5~9월에 볼 수 있다. 한국, 중국, 인도, 일본, 말레이시아, 타이완에 분포한다.

재미있는 곤충이야기

곤충의 알

알은 곤충의 종류와 사는 곳에 따라 빛깔·모양·크기 등이 모두 다르다.

알의 빛깔은 여러 가지이며, 모양은 대체로 둥근 것이 많고 가늘고 긴 타원형도 있다.

알은 1개씩 낳는 것도 있으나 곤충의 천적에게 좋은 먹잇감이 되므로 종의 번식을 위해 알을 무더기로 많이 낳기도 한다.

광대노린재

기생나비

노랑나비

명주잠자리

별박이세줄나비

옥색긴꼬리산누에나방

장수풍뎅이

에사키뿔노린재

사향제비나비

큰물자라

독수리팔랑나비
팔랑나비과

날개편길이 37mm 정도. 강원도 산지에 집중 분포하며, 계곡 주변이나 드물게 산정에서 서식한다. 날개 앞면은 흑갈색이고 앞날개에 담갈색 무늬 8개가 나란히 있다. 암컷은 앞날개에 노란색 무늬가 있다. 어른벌레는 6~8월에 발견된다. 한국, 중국, 일본, 미얀마, 러시아에 분포한다.

> **아하!** 오후 늦게 활발하게 날아 다니며, 피나무·개망초 등의 꽃에서 꿀을 빨아먹는다.

돈무늬팔랑나비
팔랑나비과

날개편길이 35~38mm. 산지에 접해 있는 풀밭, 밭, 습지 주변에서 서식한다. 수컷이 암컷보다 약간 작다. 날개는 연갈색이고 앞날개의 끝부근에 노란색 잔무늬가 있으며 뒷면 바깥가장자리에 노란색 톱니 무늬가 있다. 어른벌레는 5~8월에 발견된다. 한국, 중국, 일본, 미얀마, 러시아에 분포한다.

아하! 톡톡 튀듯이 날아다니다가 개망초, 조뱅이 등의 꽃에서 꿀을 빨아먹는다.

1 애벌레 2 번데기 3~6 우화 과정

왕자팔랑나비
팔랑나비과

날개편길이 40~45mm. 잡목림 주변의 풀밭이나 마을 주변에서 서식한다. 암컷이 수컷보다 다소 크고 수컷의 종아리마디에 긴 털다발이 있다. 날개 앞면은 흑갈색이고 흰색 무늬가 있다. 뒷날개의 아래 반절은 암청색이다. 어른벌레는 5~8월에 발견된다. 한국, 중국, 일본, 미얀마, 타이완에 분포한다.

알

애벌레 은신처

아하! 엉겅퀴·개망초 꿀풀 등의 꽃에서 꿀을 빨며, 마 종류의 잎에 한 개씩 산란하고 자신의 배에 난 털로 알을 덮는 습성이 있다.

4

5

6

줄꼬마팔랑나비
팔랑나비과

> 개망초·큰까치수영·갈퀴나물 등의 꽃에서 꿀을 빨고, 애벌레는 꼬리새·갈풀·기름새 등의 잎을 먹는다.

날개편길이 27~32mm. 평지에서부터 높은 산지까지 탁 트인 풀밭에 넓게 서식한다. 날개는 등황색이고 날개의 바깥가장자리에 넓은 검은색 테가 있다. 수컷은 앞날개에 윤이 나는 선 모양의 별무늬가 있다. 어른벌레는 6~8월에 발견된다. 한국, 중국, 일본, 러시아에 분포한다.

줄점팔랑나비

팔랑나비과

날개편길이 30~40mm. 마을이나 논밭과 하천 주변의 풀밭에서 서식한다. 날개 앞면은 흑갈색이고 뒷면은 황갈색이며 양면에 반투명의 흰색 점무늬가 있다. 뒷날개의 흰무늬는 一 자 모양으로 줄을 이룬다. 어른벌레는 5~11월에 발견된다. 한국, 중국, 인도, 일본, 타이완에 분포한다.

국화·엉겅퀴·메밀·고마리 등의 꽃에서 꿀을 빨고, 애벌레는 갈대·강아지풀·왕바랭이 등의 잎을 먹는다.

알

지리산팔랑나비
팔랑나비과

날개편길이 32~37mm. 수림 내의 넓은 공터에서 서식한다. 날개는 흑갈색이고 날개 뒷면에 노란색 비늘이 있다. 앞날개에 흰색 반투명 무늬가 일직선으로 줄지어 있으며, 뒷날개에 흰색 무늬가 둥글게 줄을 이룬다. 어른벌레는 7~8월에 발견된다. 한국, 중국, 일본, 타이완에 분포한다.

어른벌레는 엉겅퀴・큰까치수영・조이풀 등의 꽃에서 꿀을 빨아먹고, 애벌레는 주로 억새류를 먹고 자란다.

짝짓기

푸른큰수리팔랑나비
팔랑나비과

날개편길이 45~55mm. 남부 지방의 잡목림 계곡 주변에서 서식한다. 날개는 청록색을 띤 검은색이고 뒷날개 꼬리 부근에 넓은 등황색 무늬가 있으며 그 안에 검은색 점이 있다. 뒷날개 바깥가장자리에 등황색 털이 있다. 어른벌레는 5~8월에 발견된다. 한국, 중국, 인도, 일본, 스리랑카, 타이완에 분포한다.

아하! 나무딸기·아카시아나무·엉겅퀴 등의 꽃에서 꿀을 빨고, 소의 배설물이나 새의 배설물에도 잘 모인다.

꼬리명주나비
호랑나비과

날개편길이 50~65mm. 주로 논과 밭 주변 또는 야산의 풀밭에 서식하는 것으로 알려져 있다. 날개꼬리가 가늘고 긴 것이 특징이다. 날개는 수컷이 노란색 바탕에 검은 무늬가 있고, 암컷은 흑갈색 바탕에 담황색 무늬가 있다. 어른벌레는 4~9월에 볼 수 있다. 한국, 중국, 러시아에 분포한다.

1 짝짓기 2 산란 모습 3 쥐방울덩굴의 잎에 낳아 놓은 알
4 애벌레 5 번데기 6~11 우화 과정

아하! 얇은잎고광나무 등의 꽃을 찾아 꿀을 빠는 경우가 많다. 애벌레는 쥐방울덩굴 등의 잎을 먹는다.

8

9

10

11

나비목(나비)

붉은점모시나비
호랑나비과

날개편길이 65~75mm. 양지바른 풀밭이나 경작지에서 서식한다. 날개는 흰색으로 반투명하고 검은색 무늬가 있으며, 뒷날개에 검은색 테가 있는 붉은색 점무늬가 2개 있다. 짝짓기가 끝난 암컷의 배끝에는 수태낭이 붙는다. 어른벌레는 5~6월에 발견된다. 한국, 중국, 러시아에 분포한다. 멸종위기종.

 엉겅퀴·기린초 등의 꽃의 꿀을 빨아먹는다. 기린초나 돌나물 주변의 죽은 가지나 마른 잎에 알을 낳고 애벌레는 그 잎을 먹는다.

알

애벌레

번데기

모시나비
호랑나비과

날개편길이 50~62mm. 산지의 숲가장자리 풀밭이나 경작지에서 서식한다. 날개는 비늘가루가 적고 흰색으로 반투명하다. 뒷날개의 안가장자리에 넓은 검은색 무늬가 있다. 짝짓기가 끝난 암컷의 배끝에는 수태낭이 붙는다. 어른벌레는 5~6월에 발견된다. 한국, 중국, 일본에 분포한다.

> **아하!** 날개가 반투명한 것이 모시 같다고 하여 이름이 유래한다. 엉겅퀴·자운영·토끼풀·기린초·나무딸기 등의 꽃의 꿀을 빨아먹는다.

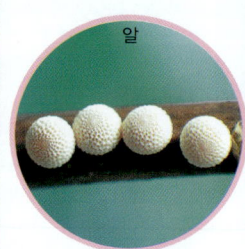

알

산제비나비
호랑나비과

날개편길이 60~90mm. 산지의 계곡에서 주로 서식한다. 날개는 검은색이고 녹색, 청색 등 금속성 비늘가루가 있다. 날개 앞면의 가운데에 청람색 띠 무늬가 있고 뒷날개 뒷면에는 노란색 띠 무늬와 붉은색 초승달 무늬 7개가 나란히 있다. 어른벌레는 4~8월에 발견된다. 한국, 중국, 일본에 분포한다.

아하! 엉겅퀴·수수꽃다리·곰취·참나리의 꽃에서 꿀을 빨고, 애벌레는 산초나무·쥐방울덩굴·등칡의 잎을 먹는다.

애벌레

긴꼬리제비나비
호랑나비과

날개편길이 100~120mm. 낮은 산지의 계곡 근처에서 서식한다. 날개는 검은색이고 뒷날개의 바깥가장자리에 노란색 초승달 무늬가 5개 있으며 안가장자리에 눈알 모양 무늬가 있다. 날개꼬리가 긴 것이 특징이다. 어른벌레는 봄부터 여름까지 볼 수 있다. 한국, 중국, 일본에 분포한다.

아하! 산초나무·초피나무의 잎을 먹고 자란다.

1 알
2, 3 애벌레
4 번데기
5~9 우화 과정

1 알 2 애벌레 3 번데기 4~6 우화 과정

사향제비나비
호랑나비과

날개편길이 75~110mm. 산지 근처의 평지 또는 개울가에서 서식한다. 몸에서 향기가 나고 날개꼬리가 길다. 날개는 수컷이 검은색이고 암컷은 암회색이며 맥선은 검은색이다. 수컷 뒷날개의 주홍색 무늬는 앞면에 5개, 뒷면에 7개이다. 어른벌레는 5~9월에 발견된다. 한국, 중국, 일본, 러시아, 타이완에 분포한다.

아하! 엉겅퀴·아카시아나무 등의 꽃에서 꿀을 빨고, 애벌레는 쥐방울덩굴이나 등칡의 잎을 먹는다.

제비나비
호랑나비과

날개편길이 80~140mm. 산지의 계곡 주변에서 서식한다. 몸과 날개는 검은색이고 날개 앞면에 청람색 비늘가루가 있다. 수컷은 뒷날개에 반달 모양의 청람색 무늬가 줄지어 있고 암컷은 뒷날개 바깥쪽에 붉은색 무늬가 7개 있다. 어른벌레는 4~8월에 발견된다. 한국, 중국, 인도, 일본, 러시아, 타이완에 분포한다.

아하! 이름은 날개꼬리가 제비꼬리처럼 길어서 유래되었다. 애벌레는 탱자나무·산초나무·머귀나무의 잎을 먹는다.

1 알 2, 3 애벌레 4 번데기 5~9 우화 과정

6　7　8　9

청띠제비나비

호랑나비과

날개편길이 85mm 정도. 제주도와 남해안 섬의 상록활엽수림 주변에서 서식한다. 몸과 날개는 암록색이고 날개꼬리가 없다. 날개 가운데에 청록색 띠가 있는데, 봄형은 폭이 넓고 녹색이 강하며, 여름형은 폭이 좁고 청색이 강하다. 어른벌레는 5~9월에 발견된다. 한국, 오스트리아, 중국, 일본, 타이완에 분포한다.

아하! 누리장나무 · 아카시아나무 · 엉겅퀴 · 토끼풀 등의 꽃에서 꿀을 빤다.

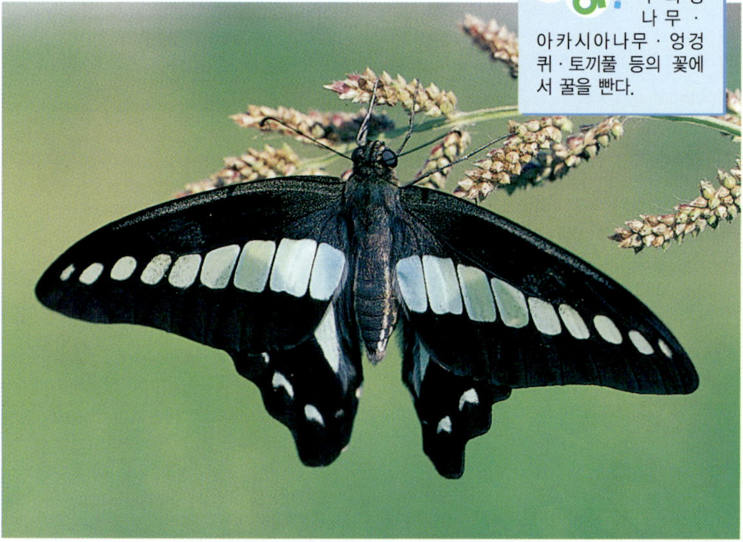

1 알 2~4 애벌레 5 번데기 6~8 우화 과정

1

2

3

4

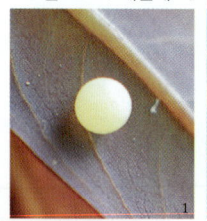

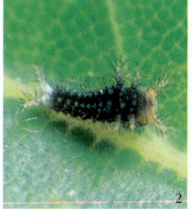

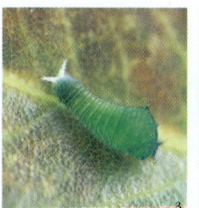

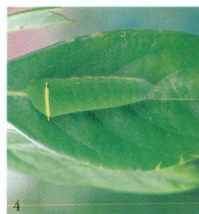

나비목(나비) 143

산호랑나비
호랑나비과

날개편길이 90~120mm. 산지나 평지의 숲 또는 마을과 경작지 주변에서 서식한다. 몸과 날개는 노란색이며 날개에 검은색 줄무늬가 있다. 앞날개 윗면의 기부에 검은색과 노란색 비늘가루가 고르게 퍼져 있다. 어른벌레는 5~8월에 발견된다. 한국, 중국, 일본, 러시아에 분포한다.

아하! 수수꽃다리·진달래·철쭉·얼레지·이질풀·쉬땅나무 등의 꽃에서 꿀을 빨고, 애벌레는 바디나물·미나리 등의 잎을 먹는다.

애벌레

번데기

애호랑나비
호랑나비과

날개편길이 47~52mm. 낮은 산지의 계곡, 숲 가장자리에서 서식한다. 배와 날개 기부에 긴 털이 나 있고, 뒷날개에 붉은색 무늬가 있다. 수컷은 짝짓기가 끝난 후 암컷의 배끝에 분비물로 수태낭을 만든다. 어른벌레는 4~6월에 발견된다. 한국, 중국, 일본, 러시아에 분포한다.

 진달래, 얼레지, 제비꽃 등의 꽃에서 꿀을 빨아먹는다. 이른 봄에 출현하므로 '봄의 여신'이라는 별명이 있다.

1 알 2 애벌레 3 번데기 4 우화

나비목(나비) 147

호랑나비
호랑나비과

날개편길이 70~75mm. 몸과 날개는 노란색 바탕에 검은색 줄과 띠 무늬가 있다. 암컷은 앞날개 바깥쪽 가운데에 노란색 무늬가 뚜렷하다. 여름형은 수컷이 암컷보다 앞날개 끝의 돌출이 강하며, 뒷날개 윗면에 검은색 무늬가 있다. 어른벌레는 4~10월에 발견된다. 한국, 중국, 일본, 러시아, 타이완에 분포한다.

아하! 고추나무, 엉겅퀴, 백일홍, 산초나무, 솔체꽃 등의 꽃에서 꿀을 빨아먹는다. 애벌레는 귤나무, 산초나무 등의 잎을 먹는다.

동물의 배설물에 모인 호랑나비(위)와 흰나비(아래)

1 알 2, 3 애벌레 4 번데기 5, 6 우화 과정

나비목(나비) 149

기생나비

흰나비과

날개편길이 37~42mm. 낮은 산지나 논밭 주변에서 서식한다. 날개는 흰색이고 앞날개 끝부분에 검은색 무늬가 있다. 암컷은 날개의 형태가 둥글어 보이며 수컷은 날개 윗면의 날개끝의 검은색 무늬가 짙고 암회색의 줄무늬로 된 것이 많다. 4~9월에 발견된다. 한국, 중국, 일본, 러시아에 분포한다.

아하! 꿀풀·타래난초 등의 꽃에서 꿀을 빨아먹는다. 애벌레는 갈퀴나물의 어린 잎을 먹는다.

북방기생나비
흰나비과

날개편길이 35~42mm. 경기 북부 지방이나 강원도의 추운 지방의 풀밭이나 경작지 주변에서 서식한다. 날개는 모양이 둥근 편이고 회백색이며 뒷날개 앞면은 약간 노란색을 띤다. 수컷은 앞날개 끝부분에 검은색 무늬가 뚜렷하고 암컷은 약하다. 4~9월에 발견된다. 한국, 중국, 일본, 러시아에 분포한다.

풀 위를 낮게 날아다니다가 개망초의 꽃에서 꿀을 빨고, 애벌레는 등갈퀴나물·가는등갈퀴나물의 잎을 먹는다.

재미있는 곤충이야기

나비의 텃세

나비의 수컷은 대부분 자기가 사는 지역의 일정 범위를 영역으로 삼으며 그 안에 들어온 다른 수컷을 쫓아 버리고 암컷은 붙잡아 짝짓기를 한다. 이를 나비의 텃세권이라 하는데, 일정 지역에 터를 잡은 나비는 낮동안의 활동 시간에 이 텃세권을 알리는 비행을 하기도 한다. 숲에 사는 먹그늘나비도 어떤 장소를 텃세권으로 정하면 다른 수컷을 들어오지 못하게 하는데, 이 수컷을 잡아 버리면 곧 다른 수컷이 나타나 그 자리를 대신 차지한다.

각시멧노랑나비
흰나비과

날개편길이 55~65mm. 산지의 계곡 및 숲 주변에서 서식한다. 날개는 수컷이 노란색, 암컷은 흰색이며 월동 후에 갈색 반점이 생긴다. 앞날개에는 등적색 무늬가 있으며 뒷날개에는 주황색 무늬가 있다. 어른벌레는 3~9월에 발견되고 6~7월에 여름잠을 잔다. 한국, 중국, 일본, 러시아에 분포한다.

알과 애벌레의 부화

> 엉겅퀴·개망초·백일홍 등의 꽃에서 꿀을 빨며, 수컷들은 가끔 떼지어 물을 먹는다. 애벌레는 갈매나무의 잎을 먹는다.

갓 부화한 애벌레

극남노랑나비
흰나비과

날개편길이 35~40mm. 풀밭이나 경작지, 하천 제방의 개활지에서 서식한다. 날개 앞면은 노란색이고 앞날개 끝부분의 검은색 테두리 무늬가 안쪽으로 패어 있다. 봄·가을형은 앞날개 끝이 직각이고 여름형에 비해 날개 뒷면에 갈색 점이 많다. 어른벌레는 3~11월에 발견된다. 한국, 중국, 일본, 타이완에 분포한다.

개망초·꿀풀 등의 꽃에서 꿀을 빨고, 애벌레는 차풀의 잎을 먹는다.

알	애벌레	번데기

나비목(나비) 155

노랑나비
흰나비과

날개편길이 47~52mm. 주로 마을이나 목초지 또는 해변가 개활지의 풀밭에서 서식한다. 날개는 수컷이 노란색이고 암컷은 흰색인 것도 있다. 앞날개 가운데에는 검은색 점무늬가 뚜렷하며 날개 끝부분의 테두리는 검은색이다. 어른벌레는 3~10월에 발견된다. 한국, 중국, 일본, 러시아, 타이완에 분포한다.

아하! 개망초·토끼풀·엉겅퀴 등의 꽃에서 꿀을 빨아먹는다. 애벌레는 낭아초·벌노랑이·개자리·완두 등의 잎을 먹는다.

짝짓기

1 알 2 애벌레 3 번데기 4~8 우화 과정

5　6　7　8

나비목(나비)

개망초·꿀풀 등의 꽃에서 꿀을 빨고, 애벌레는 비수리·싸리나무·아카시아나무 등의 잎을 먹는다.

남방노랑나비
흰나비과

날개편길이 35~40mm. 남부 지방 및 제주도의 평지에서 서식한다. 날개는 노란색이고 수컷이 암컷보다 짙다. 앞날개의 바깥가장자리 끝에 검은 색의 넓은 테두리가 있으며, 봄·가을형은 앞날개 끝에 검은 점이 있다. 어른벌레는 거의 연중 볼 수 있다. 한국, 중국, 일본, 타이완에 분포한다.

재미있는 곤충이야기

해충과 익충

사람에게 해를 입히는 곤충을 해충(害蟲)이라 하고, 사람에게 이로움을 주는 곤충을 익충(益蟲)이라고 한다. 진딧물을 잡아먹는 무당벌레, 꿀을 모아주고 꽃가루를 옮겨주는 꿀벌, 비단을 짜는 실의 원료를 제공해 주는 누에나방 등은 대표적인 익충이다. 소나무를 해치는 송충이와 하늘소, 채소를 말라죽게 하는 진딧물, 곡식을 갉아먹는 벼메뚜기, 전염병을 옮기는 모기와 파리 등은 대표적인 해충이다. 그러나 배추흰나비가 애벌레일 때는 배추와 무 잎을 갉아먹으므로 해충이지만, 어른벌레가 되면 꽃가루를 옮겨주어 씨앗을 맺게 해 주므로 익충이 된다.

줄흰나비
흰나비과

날개편길이 50~60mm. 산지 계곡의 숲 가장자리에서 서식한다. 날개는 흰색이고 맥선은 흑갈색이다. 봄형의 날개 뒷면에 노란색 무늬가 1개 있다. 암컷은 뒷날개 아랫면이 연한 노란색을 띠고 있어 수컷과 구별된다. 어른벌레는 4~9월에 발견된다. 한국, 중국, 유럽, 일본, 러시아, 미국에 분포한다.

아하! 마타리·개망초·엉겅퀴의 꽃에서 꿀을 빨며, 애벌레는 배추·유채 등 십자화과 식물의 잎을 먹는다.

큰줄흰나비
흰나비과

날개편길이 60mm. 산지 계곡의 숲 가장자리에서 서식한다. 날개는 흰색이고 맥선은 흑갈색이다. 봄형의 날개 뒷면에 노란색 무늬가 1개 있다. 암컷은 뒷날개 아랫면이 연한 노란색을 띠고 있어 수컷과 구별된다. 어른벌레는 4~9월에 발견된다. 한국, 중국, 유럽, 일본, 러시아, 미국에 분포한다.

짝짓기를 하고 있는 큰줄흰나비

짝짓기를 거부하는 암컷

미나리냉이·엉겅퀴·꿀풀·큰까치수영·나무딸기 등의 꽃에서 꿀을 빨며, 애벌레는 배추·유채 등 십자화과 식물의 잎을 먹는다.

풀흰나비

흰나비과

날개길이 40~55mm. 하천의 둑이나 해안 개활지에서 서식한다. 날개는 흰색이고 앞날개 끝부분에 검은색 무늬가 있으며 뒷날개에 회색 얼룩 무늬가 있다. 암컷은 날개 윗면과 뒷날개 바깥가장자리에 검은색 줄무늬가 있다. 어른벌레는 5~10월에 발견된다. 한국, 중국, 유럽에 분포한다.

애벌레는 꽃장대·콩다닥냉이 등 십자화과 식물의 꽃과 열매를 먹으며, 쉴 때는 식물의 아래쪽으로 내려온다.

알

애벌레

배추흰나비
흰나비과

날개길이 45~65mm. 무·배추 등 경작지와 마을 주변에서 흔하게 서식한다. 날개는 흰색이고 날개 끝에 검은색 무늬가 있으며 뒷면에 검은색 비늘가루가 많다. 암컷의 날개는 연한 노란색을 띤다. 어른벌레는 4~10월에 발견된다. 한국, 오스트레일리아, 중국, 유럽, 일본, 러시아, 타이완에 분포한다. 농업해충.

아하! 무·개망초·산비장이·엉겅퀴 등의 꽃에서 꿀을 빨고, 애벌레는 십자화과 작물의 잎을 먹는다.

물 웅덩이에서 물을 빨고 있는 배추흰나비 떼

짝짓기

1 알 2 애벌레 3 번데기 4~8 우화 과정

나비목(나비) 163

대만흰나비

흰나비과

날개길이 38~52mm. 경작지와 산림의 경계를 이루는 곳이나 개울가에서 서식한다. 날개는 흰색이고 앞날개의 끝부분에는 검은색 테두리가 진하며 바깥가장자리 부근에 검은색 무늬가 있다. 봄형은 날개 뒷면에 검은색 비늘가루가 많다. 어른벌레는 4~10월에 발견된다. 한국, 중국, 일본, 타이완에 분포한다.

아하! 냉이·개망초·엉겅퀴·조희풀 등의 꽃에서 꿀을 빨아먹는다.

알

애벌레

번데기

Trichoptera

날도래목

> 아하! 애벌레는 물 속에서 생활하며, 나뭇잎 조각을 사각형 모양으로 잘라 원통형 집을 짓고 그 안에서 산다.

굴뚝날도래
날도래과

몸길이 27mm 정도. 몸은 검정색을 띠고 엷은 광택이 난다. 더듬이의 길이가 앞날개의 길이와 비슷하며 검정색을 띤다. 날개는 미색 바탕에 검은색 얼룩 무늬가 있으며 뒷날개의 끝 부분에는 밤색의 굵은 줄 무늬가 있다. 한국, 중국, 러시아, 유럽에 분포한다.

바수염날도래
바수염날도래과

몸길이 7~11mm. 산지 계곡이나 하천 하류에서 서식한다. 몸은 검은색이고 머리와 가슴은 흑갈색이다. 날개는 반투명하며 날개 가장자리는 진한 갈색이고 검은색 털이 있다. 더듬이는 밝은 갈색이며 다리는 황갈색이다. 어른벌레는 5~8월에 관찰할 수 있다. 한국, 일본, 러시아에 분포한다.

짝짓기

ⓒ허필욱

ⓒ허필욱

아하! 애벌레는 하천의 여울에서 바닥을 기어다니면서 조류와 부식질을 먹고 살며 모래나 나뭇잎으로 원통 모양의 집을 짓는다.

우묵날도래
우묵날도래과

몸길이 25mm 정도. 연못, 늪, 하천 등에서 수중 생활을 하며 식물의 잎 조각과 모래알로 도롱이벌레처럼 원통형의 집을 짓는다. 머리는 황갈색이고 배는 갈색이다. 가늘고 긴 앞날개는 반투명하고 가운데에 굵고 투명한 띠무늬가 비스듬히 있으며 바깥가장자리는 파도 모양이다.

아하! 먹이는 주로 낙엽 등의 유기물이며 수질 정화 등 생태적으로 중요한 역할을 하고 있다.

Hemiptera

노린재목

광대노린재
광대노린재과

몸길이 17~20mm. 대개 몸의 등면은 광택이 나는 금록색이고 붉은 줄무늬가 있다. 암청색 또는 검은색 바탕에 주황색이나 붉은색 줄무늬를 가지는 개체도 있다. 작은 방패판은 배와 날개 전체를 덮고 가운데에 W자 모양과 열십자 모양의 무늬가 있다. 한국, 일본, 타이완에 분포한다. 산림해충.

아하! 등나무 · 참나무 · 식나무 · 층층나무 · 목련 · 노린재나무 등의 열매의 즙을 먹는다.

알덩이와 약충

약충

1~4 탈피 과정

노린재목

큰광대노린재
광대노린재과

몸길이 17~19mm. 몸의 등면은 광택이 나는 금록색이고 무지개빛 굵은 줄무늬가 있다. 몸의 아랫면은 청록색 광택을 띤 암록색이다. 작은방패판 끝부분의 줄무늬는 산(山)자 모양을 이룬다. 몸의 아랫면은 금람색이고 적갈색 무늬가 있다. 어른벌레는 5월부터 볼 수 있으며 한국, 일본에 분포한다.

큰광대노린재 약충

도토리노린재
광대노린재과

몸길이 9~11mm. 산과 들의 풀밭에서 서식한다. 몸은 담갈색이고 머리 가운데에 세로로 흑갈색 선무늬가 있다. 작은방패판 기부의 양쪽에 황갈색 무늬, 가운데에 흑갈색 줄무늬가 있다. 앞날개는 바깥가장자리 기부만 노출된다. 어른벌레는 5~10월에 발견된다. 한국, 중국, 일본에 분포한다.

> 주로 개밀·억새 등 벼과 식물의 이삭에서 발견된다.

짝짓기

십자무늬긴노린재
긴노린재과

몸길이 9~10mm. 산과 들의 풀밭과 경작지 주변에서 서식한다. 몸은 담갈색이고 머리 가운데에 흑갈색 선무늬가 있다. 작은방패판 기부에 황갈색 무늬, 가운데에 흑갈색 줄무늬가 있다. 앞날개는 바깥가장자리 기부만 노출된다. 어른벌레는 7~10월에 발견된다. 한국, 중국, 일본, 러시아에 분포한다. 산림해충.

> 박주가리·쉬나무·원추리·붓꽃 등의 즙액을 빨아먹는다. 이름은 등판의 무늬가 ×자인 것에서 유래한다.

짝짓기

짝짓기

가시점둥글노린재
노린재과

몸길이 4.5~6mm. 산과 들의 벼과 식물에서 서식한다. 몸은 회갈색이고 부분적으로 구리빛 광택을 띤다. 등면에 검은색 점각이 퍼져 있고 앞가슴등판은 어깨 부분이 가시처럼 돌출한다. 작은방패판 양쪽에 회황색 타원형 무늬가 뚜렷하다. 앞날개는 비교적 대부분이 혁질이다. 한국, 일본에 분포한다.

아하! 이름은 방패판의 회황색 점무늬와 등판 어깨가 가시처럼 보이는 것에서 유래한다.

노린재 몸의 생김새

더듬이, 눈, 가슴, 딱지날개, 입, 앞다리, 가운뎃다리, 뒷다리, 배

남색주둥이노린재

노린재과

몸길이 6~8mm. 산과 들의 풀밭에서 서식한다. 몸은 암청색 또는 청남색이고 광택이 강하다. 앞가슴등판은 옆가장자리의 뒷모서리가 세모꼴로 돌출한다. 작은방패판은 끝부분이 길고 둥글게 돌출하였으며 앞날개의 2/3근처까지 도달한다. 날개의 막질부는 흑갈색을 띤다. 한국, 중국, 일본, 타이완에 분포한다.

♂♀! 어른벌레는 딸기류에 붙은 잎벌레나 나비류의 애벌레를 포식한다.

네점박이노린재
노린재과

몸길이 12~14mm. 들의 풀밭이나 산림지대에서 서식한다. 몸의 등면은 회갈색 또는 황록색이고 흑갈색, 적갈색 및 황갈색의 불규칙한 무늬가 있다. 앞가슴등판의 앞가장자리 부근에 노란색 점무늬 4개가 줄지어 있다. 앞날개는 혁질부에 희미한 흑갈색 얼룩무늬가 있다. 한국, 중국, 일본에 분포한다. 산림해충.

짝짓기

다리무늬두흰점노린재
노린재과

몸길이 18~18.5mm. 산림지대에 드물게 서식한다. 몸의 등면은 황갈색이고 흑갈색 얼룩무늬가 대부분을 차지한다. 앞가슴등판은 옆가장자리가 세모꼴로 돌출하였고, 그 끝은 붉다. 작은방패판은 기부의 양쪽에 황갈색 무늬가 있다. 배의 가장자리는 검정띠와 황갈색 띠를 교대로 가진다. 한국, 중국에 분포한다.

북쪽비단노린재
노린재과

몸길이 7.5~9.5mm. 경작지 주변과 산과 들의 풀밭에서 서식한다. 몸은 청남색 광택을 띤 검정색이고 선홍색 무늬가 뚜렷하다. 앞가슴등판에 Y자형 주홍색 무늬가 있다. 앞날개는 바깥가장자리에도 주홍색 무늬가 있다. 막질부와의 경계부에 가로띠 모양의 주황색 무늬가 있다. 한국, 중국, 러시아에 분포한다.

분홍다리노린재
노린재과

몸길이 17~20mm. 산림 지대에서 서식한다. 몸은 청남색 광택을 띤 검정색이고 선홍색 무늬가 뚜렷하다. 앞가슴등판에 Y자형 주홍색 무늬가 있다. 앞날개는 바깥가장자리에도 주홍색 무늬가 있다. 막질부와의 경계부에 가로띠 모양의 주황색 무늬가 있다. 한국, 일본, 러시아에 분포한다. 산림해충.

어른벌레는 느릅나무·느티나무·자작나무·단풍나무 등에 붙는다.

아하! 어른벌레는 콩과·벼과 식물의 서식하며, 십자화과 식물의 열매에도 잘 모인다.

알락수염노린재
노린재과

몸길이 11~13mm. 경작지 주변에서 흔히 서식한다. 몸은 회황색이고 황갈색 무늬가 있다. 앞가슴등판은 옆가장자리의 끝이 세모꼴로 뭉툭하게 돌출하였으며 앞에 흑갈색 무늬가 있다. 작은방패판은 끝이 둥글게 돌출하여 회백색을 띤다. 어른벌레는 4~8월에 발견된다. 한국, 중국, 일본에 분포한다. 산림해충.

얼룩대장노린재
노린재과

몸길이 20~22mm. 산과 들의 산림 지대에서 드물게 서식한다. 몸은 회갈색이고 흑갈색 얼룩무늬가 있다. 앞가슴등판은 양 어깨가 넓고 뭉툭하게 돌출하고 앞부분에 황갈색 점무늬가 4개 있다. 배의 등면에 붉은 얼룩은 폭이 넓고 앞날개의 바깥으로 원을 이루며 확장된다. 한국, 일본에 분포한다.

아하! 참나무류에서 발견되며 나무 껍질에 붙어 있는 지의류와 구별하기 힘들 정도로 보호색을 지닌다.

열점박이노린재
노린재과

몸길이 17~23mm. 산림 지대에서 서식한다. 몸은 황갈색이고 더듬이는 흑갈색이다. 앞가슴등판은 양 어깨가 앞쪽으로 돌출하고 가장자리는 작은 톱니 모양이며 점무늬 4개가 가로로 배열한다. 작은방패판에는 점무늬가 8개 있다. 한국, 일본, 러시아에 분포한다. 산림해충.

아하! 느릅나무·벚나무·단풍나무·개오동나무 등의 활엽수를 먹는다.

재미있는 곤충이야기

노린재의 몸 보호법

노린재는 몸에서 노린내가 난다고 하여 붙여진 이름이다. 대개의 노린재는 애벌레일 때는 배의 등 쪽에, 어른벌레가 되면 가슴의 가운뎃다리 기부 가까이에 냄새샘이 생기며, 적으로부터 위험에 처하면 이 냄새샘에서 역한 냄새가 나는 분비액을 뿜어낸다. 침노린재 등의 육식성 노린재는 침 같은 입으로 쏘기도 하는데 손가락 등에 쏘이면 통증이 심하다.

장흙노린재
노린재과

몸길이 18~20mm. 더듬이는 황갈색과 흑갈색이 얼룩무늬를 이룬다. 몸은 황갈색 바탕에 미세한 검은 점각이 산재하고 등면은 적갈색이 대부분을 차지한다. 앞가슴등판은 양어깨가 크게 돌출하였으며 붉은 색조가 주변보다 강하다. 앞날개의 바깥가장자리가 넓게 붉은색이다. 한국, 일본에 분포한다. 산림해충.

주로 느티나무류의 즙액을 먹으며, 정향나무·나무딸기·청미레덩굴에도 모인다.

풀색노린재
노린재과

몸길이 11~17mm. 산과 들의 산림 지대에서 서식한다. 몸은 녹색이고 목은 흑갈색이다. 변이가 심해서 몸 전체가 선명한 녹색을 띠는 녹색형과 머리와 앞가슴등의 앞쪽 절반 정도가 노란색을 띠는 노랑무늬형, 녹색무늬형, 갈색형이 있다. 3~10월에 발견된다. 한국, 중국, 일본에 분포한다. 산림해충.

풀색노린재 약충

아하! 콩과 식물에 기생하면서 채소 등 재배 식물에 해를 끼친다. 어른벌레는 주로 열매의 즙을 빨아먹는다.

홍줄노린재
노린재과

몸길이 9~12mm. 몸은 광택이 있는 검정색 바탕에 붉은색 세로 줄무늬가 있다. 앞가슴등판에 붉은 세로 줄무늬가 7개 있다. 작은방패판은 배 끝까지 도달하며 붉은 세로 줄무늬가 4개 있다. 앞날개는 혁질부의 바깥가장자리만 노출되고 붉은 세로 줄무늬가 1개 있다. 한국, 중국, 일본, 러시아에 분포한다.

아하! 미나리과 식물에 잘 모이며 당귀·인삼 등 약용식물의 꽃에서 꿀을 빨고 열매의 즙을 먹는다.

등빨간뿔노린재

뿔노린재과 붉은등뿔노린재

몸길이 14~18mm. 몸의 등면은 청록색이고 적갈색 무늬가 있다. 배의 등면은 노란색이고 흑갈색 띠무늬가 있다. 앞가슴등판은 앞가장자리 주변이 적갈색이고 양옆에 뭉툭한 세모꼴 돌기가 있다. 앞날개는 혁질부가 청록색을 띠고 막질부는 투명하다. 한국, 중국, 일본, 러시아에 분포한다. 산림해충.

> 어른벌레는 층층나무, 말채나무, 벚나무 등에 잘 모인다.

짝짓기

에사키뿔노린재

뿔노린재과

몸길이 10~12mm. 몸은 황록색 바탕에 초록색과 적갈색 무늬가 있다. 등면에 작은 흑점각이 산재하고 앞가슴등판은 양옆이 세모꼴로 돌출하며 작은방패판 가운데에 회황색 무늬가 있다. 앞날개는 암갈색이고 앞가장자리는 초록색이다. 한국, 중국, 일본, 타이완에 분포한다.

> 어른벌레는 층층나무, 검양옻나무 등에 잘 모인다.

알을 돌보는 에사키뿔노린재

무당알노린재
알노린재과

몸길이 4.5~5.7mm. 산과 들의 초원지대에서 흔히 서식한다. 몸의 등면은 황록색이고 담갈색 및 주황색의 얼룩무늬가 있으며 광택이 있다. 작은방패판은 볼록하고 기부의 가운데는 가로홈에 의해 나누어진다. 앞날개는 작은방패판 아래에 가려져 있다. 한국, 일본에 분포한다. 산림해충.

아하! 어른벌레는 콩·팥·칡 등 콩과 식물을 먹고 살고, 때때로 벼에 해를 끼치기도 한다.

알노린재
알노린재과

몸길이 3.5~3.8mm. 몸과 머리는 윤이 나는 검은색이며 작고 가는 점각이 있다. 앞가슴 등판과 작은방패판은 광택이 있는 검은색이다. 앞가슴등판의 옆가장자리 전반부는 황색이고 작은방패판은 배 전체를 덮으며 기부에 초승달 무늬가 있다. 한국, 중국, 일본에 분포한다.

어른벌레는 콩·팥·칡 등 콩과 식물을 먹고 살고, 때때로 벼에 해를 끼치기도 한다.

붉은잡초노린재
잡초노린재과

몸길이 7~7.5mm. 산과 들의 풀밭과 경작지 주변에서 서식한다. 몸은 윤이 나는 황갈색이고 흑갈색 점각이 있다. 앞가슴등판은 사다리꼴이고 가로홈이 있으며 가운데에 세로로 볼록선이 있다. 작은방패판은 정삼각형이고 앞날개는 흑갈색 점무늬가 흩어져 있다. 한국, 중국, 일본, 몽고, 러시아에 분포한다.

벼과 및 국화과 식물을 먹고 산다. 벼이삭에 해를 끼쳐 반점미를 만든다.

짝짓기

짝짓기

두쌍무늬노린재
참나무노린재과

몸길이 15mm 정도. 몸은 편평하고 적갈색이다. 작은방패판은 비교적 길고 기부의 양 끝과 첨단부에 가깝게 각각 한 개씩 흐릿한 작은 점이 있다. 반딱지날개 좌우의 혁질부에 검은색 점무늬 2개가 뚜렷하며 막질부는 연한 갈색이고 반투명하다. 한국, 일본, 러시아에 분포한다.

아하! 개암나무 등의 활엽수를 먹고 산다.

작은주걱참나무노린재
참나무노린재과

몸길이 10~11mm. 몸은 황록색이고 초록색 무늬가 있다. 가을에는 주황색으로 변한다. 등면에는 검은 점각이 산재한다. 더듬이는 길고 4~5마디는 각각 기부절반은 노란색, 나머지는 흑갈색이다. 앞가슴등판은 사다리꼴이고 뒷가장자리는 앞가장자리의 2.5배 가량 넓다. 한국, 중국, 일본에 분포한다. 산림해충.

꼬마남생이무당벌레를 잡아 체액을
빨아먹고 있는 고추침노린재

고추침노린재
침노린재과

아하! 다른 곤충류를 잡아 체액을 빨아먹는 포식성 곤충이다.

몸길이 14~16.5mm. 산과 들의 풀밭에서 서식한다. 몸은 적색이고 황갈색 잔털이 있다. 앞가슴등판의 전반부는 가로로 잘록하며 후반부는 가운데가 볼록하고 옆가장자리는 돌출된다. 앞날개의 혁질부는 적색, 막질부는 갈색이다. 한국, 중국, 일본, 타이완에 분포한다.

극동왕침노린재
침노린재과

몸길이 18~22mm. 산과 들의 풀밭에서 서식한다. 머리는 길쭉하고 붉은색이다. 몸은 회황색이고 주홍색 무늬가 있으며, 앞가슴등판은 잘록하고 뒷가장자리에 한 쌍의 가시돌기가 나 있다. 앞날개는 좁고 길며, 막질부는 반투명이고 갈색이다. 다리는 적갈색으로 길다. 어른벌레는 6~7월에 활동한다.

아하! 진딧물·깍지벌레 또는 소형 곤충류의 체액을 빨아먹는다.

재미있는 곤충이야기

곤충의 하루

곤충 중에는 낮에 활동하는 것과 밤에 활동하는 것이 있다.

나비류는 낮에 활동하는 대표적인 곤충이다. 오전에는 꽃을 찾아다니며 꿀을 모으고 오후가 되면 짝짓기를 하기 위해 암컷을 찾아 활발하게 날아다닌다. 밤이 되면 낮에 활동하던 곤충들은 식물의 잎 뒤나 돌 틈 등 풀숲에서 잠을 잔다.

저녁 무렵이면 밤에 주로 활동하는 곤충들이 나타난다. 나무의 상처에 모여 나무진을 빨아먹기도 하고 짝짓기도 한다. 그리고 불빛을 좇아 모여들기도 한다. 아침이 되면 이 곤충들은 다시 낙엽 밑이나 흙 속으로 들어간다.

다리무늬침노린재
침노린재과

몸길이 13~16mm. 산림 및 풀밭에서 서식한다. 몸은 검은색이고 회황색 얼룩무늬가 있다. 앞가슴등판은 검고 잔털이 드물게 있으며 가운데에 십자 모양이 있다. 앞날개는 혁질부가 갈색이고 반투명하며 막질부는 투명하다. 다리는 길고 허벅마디에 흰색 고리 무늬가 3개 있다. 한국, 중국, 일본에 분포한다.

아하! 다른 곤충류의 체액을 빨아먹는 포식성 노린재이다

노랑배허리노린재

허리노린재과

몸길이 14~17mm. 산림 지대에서 서식한다. 암컷이 더 크다. 몸의 등면은 흑갈색이고 아랫면은 황록색 또는 황갈색이다. 앞가슴등판은 양옆에 짧은 가시 모양의 돌기가 있다. 앞날개의 옆가장자리 등면에 검정색 띠무늬가 5개 있다. 어른벌레는 7~10월에 발견된다. 한국, 중국, 일본에 분포한다. 산림해충.

> **아하!** 화살나무·참빗살나무 등에서 흔히 발견되며 열매에 피해를 입힌다.

어른벌레의 보살핌을 받고 있는 약충들

떼허리노린재

허리노린재과

몸길이 8.5~11.5mm. 산과 들의 초원지대에서 서식한다. 몸은 흑갈색 또는 암갈색을 띠고 황갈색 짧은 털이 있다. 더듬이는 적갈색을 띤다. 앞가슴등판은 긴 사다리꼴이고 옆가장자리 앞부분은 가로로 넓게 홈이 패어졌으며, 황갈색의 얼룩무늬가 있고 막질부는 암갈색이다. 한국, 중국, 일본에 분포한다.

짝짓기

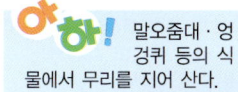

아하! 말오줌대·엉겅퀴 등의 식물에서 무리를 지어 산다.

짝짓기

아하! 벼과 식물의 이삭 위에 많이 모이고 벼·보리 등 작물에 해를 끼친다.

벼가시허리노린재

허리노린재과

몸길이 8.5~11mm. 산과 들의 풀밭에서 서식한다. 몸은 황갈색이고 암갈색 점각이 퍼져 있다. 앞가슴등판의 옆모서리는 침 모양이고 검은색이며 뒷가장자리는 톱니 모양이다. 반딱지날개의 앞가장자리는 황백색이고 뒷가장자리에 황백색 점이 있으며 막질부는 투명하다. 한국, 중국, 일본에 분포한다.

벼과 식물의
이삭에서 즙을 빠는
우리가시허리노린재

아하! 벼과 식물을 먹는다. 벼이삭에 해를 가하여 쌀의 품질을 저하시키며 쌀알에 반점이 생기는 반점미의 원인이 된다.

우리가시허리노린재
허리노린재과

몸길이 9.5~10.5mm. 산과 들의 초원지대에서 서식한다. 암컷이 약간 더 크다. 등면은 황갈색이고 미세한 흑갈색 점각이 산재한다. 작은방패판은 끝에 노란색 점무늬가 있고 혁질부는 앞가장자리가 회황색을 띠며 막질부의 경계지점에 노란색 점 무늬가 뚜렷하다. 한국, 일본에 분포한다.

짝짓기

장수허리노린재
허리노린재과

몸길이 18.5~24mm. 몸은 흑갈색이고 표면에 부드럽고 짧은 황갈색 털이 산재한다. 앞가슴등판은 사다리꼴이고 옆가장자리의 뒷모서리가 세모꼴로 돌출한다. 작은방패판은 정삼각형이다. 배마디의 옆가장자리는 좁게 확장되어서 앞날개의 바깥가장자리 밖으로 약간 돌출한다. 한국, 중국에 분포한다.

아하! 족제비싸리·개싸리 등 주로 콩과 식물의 새싹을 먹는다.

장수허리노린재 약충

짝짓기

큰허리노린재
허리노린재과

몸길이 19~25mm. 산과 들의 초원지대에서 서식한다. 몸은 암갈색이고 표면에 부드럽고 짧은 황갈색 털이 산재한다. 앞가슴등판은 양 어깨가 나뭇잎 모양으로 넓적하게 돌출하고 가장자리에 톱니 모양의 돌기가 있다. 작은방패판은 정삼각형이다. 어른벌레는 5~10월에 발견된다. 한국, 중국에 분포한다.

아하! 엉컹퀴, 양지꽃, 머위 등에 잘 모인다.

톱다리개미허리노린재
허리노린재과

몸길이 14~17mm. 산과 들의 초원지대에서 서식한다. 몸은 적갈색이고 변이가 심하다. 더듬이는 황갈색을 띤다. 앞가슴등판은 사다리꼴이고 옆가장자리의 뒷모서리가 세모꼴로 뾰족하게 돌출한다. 배마디에 노란색 줄무늬가 있다. 어른벌레는 5~10월에 발견된다. 한국, 중국, 일본, 타이완에 분포한다. 산림해충.

아하! 어른벌레는 날아갈 때 벌처럼 보이며, 약충은 개미 모양으로 전형적인 의태를 보여 준다.

노린재목 201

각시물자라
물장군과

몸길이 15~17mm. 등면은 연한 회갈색이고, 머리의 정수리는 갈색이다. 앞가슴등과 작은방패판은 암갈색이고 정삼각형이며 끝부분에 사람 입술 모양의 무늬가 있다. 앞가슴등의 양옆과 뒷부분은 연한 색이다. 반딱지날개는 연한 회갈색이고 희미한 반점이 있다. 우리 나라에만 분포한다.

알을 등에 업은 각시물자라

재미있는 곤충이야기

물에서 살아가는 곤충

물에서 살아가는 곤충을 수서곤충(水棲昆蟲)이라고 한다. 같은 물에 사는 곤충이라도 생김새가 다른 것은 물론 먹이도 다르고 사는 장소도 다르다. 흐르는 물, 괴어 있는 물, 맑은 물, 더러운 물에 따라 사는 곤충이 다르다. 물 속에 사는 곤충은 수분증발을 막는 구조가 발달하지 못하였으므로 수분 증발이 심한 땅 위에서는 살아갈 수가 없다. 물에 사는 곤충으로는 물방개, 물매암이, 게아재비, 소금쟁이, 물자라, 물장군, 송장헤엄치개 등이 있다.

알을 등에 업은 큰물자라

큰물자라
물장군과

몸길이 24~27mm. 몸은 황갈색을 띠며 등면은 납작하고 타원형이다. 머리는 폭이 넓은 삼각형이며 앞으로 돌출한다. 앞가슴등판은 뒤쪽에 가로홈이 있고 옆가장자리는 나뭇잎 모양이며 작은방패판은 정삼각형이다. 앞날개는 광택이 있고 막질부는 좁고 배 끝까지 도달한다. 한국, 일본에 분포한다.

물장군
물장군과

몸길이 48~65mm. 늪이나 연못, 하천에서 서식한다. 몸은 갈색이며 머리는 작다. 앞다리 끝에 발톱이 있고 가운뎃다리와 뒷다리에 털이 나 있다. 꼬리 끝에 짧은 호흡관이 있다. 어른벌레는 5~9월에 발견된다. 한국, 일본, 타이완, 중국에 분포한다. Ⅱ급 멸종위기곤충.

와하! 작은 물고기나 올챙이, 개구리 등을 날카로운 발톱으로 잡아 체액을 빨아 먹는다.

등빨간소금쟁이
소금쟁이과

몸길이 10~15mm. 하천이나 고요한 저수지에서 서식한다. 몸은 흑갈색이고 등면에 적갈색 무늬가 있다. 머리의 정수리 뒤쪽에 V자 모양의 갈색 무늬가 있다. 앞날개는 막질부가 배 끝까지 도달한다. 어른벌레는 봄부터 가을까지 볼 수 있다. 한국, 일본, 타이완, 중국, 타이에 분포한다.

아하! 어른벌레는 다른 곤충을 잡아 체액을 빨아먹으며 죽은 물고기의 체액도 먹는다.

소금쟁이
소금쟁이과

몸길이 11.2~16.2mm. 못·늪·냇물 등에서 서식한다. 몸과 다리는 검은색이며 머리 정수리의 V자 무늬는 갈색이다. 반딱지날개는 어두운 색이며 날개맥은 검은색이다. 앞다리 넓적다리마디의 중앙부가 굵다. 가운뎃다리가 미는 힘으로 물 위를 성큼성큼 걸어다닐 수가 있으며 잔털이 있어 물을 퉁기는 역할을 한다. 봄부터 가을에 걸쳐 볼 수 있다.

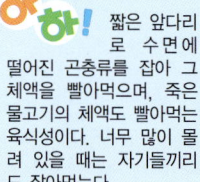

짧은 앞다리로 수면에 떨어진 곤충류를 잡아 그 체액을 빨아먹으며, 죽은 물고기의 체액도 빨아먹는 육식성이다. 너무 많이 몰려 있을 때는 자기들끼리도 잡아먹는다.

짝짓기

송장헤엄치게

송장헤엄치게과

몸길이 11~14mm. 저수지나 늪, 산 속의 고인 물 등 잔잔한 물에서 서식한다. 몸은 원통형으로 황갈색 바탕에 검은색 무늬가 있고 광택이 난다. 앞날개는 지붕 모양이며 가운데에 황갈색 무늬가 뚜렷하다. 뒷다리의 종아리마디와 발목마디에 긴 털이 있다. 한국, 일본, 중국, 러시아에 분포한다.

작은 어류나 올챙이, 다른 곤충류의 체액을 빨아먹는다. 이름은 배를 위로 향하도록 누워서 마치 송장헤엄을 치는 자세를 하며 생활하는 데서 유래한다.

장구애비
장구애비과

몸길이 30~38mm. 늪, 못, 논 등의 물 속에서 서식한다. 몸은 납작하며 황갈색 또는 흑갈색을 띤다. 앞가슴등판은 옆가장자리 모서리가 둥글게 돌출하며 뒤쪽에 가로홈이 있다. 앞날개는 길고 배 끝에 숨관이 있다. 앞다리는 낫 모양이고 허벅마디에 가시돌기가 있다. 한국, 일본, 중국, 타이완에 분포한다.

아하! 물에 사는 곤충이나 작은 물고기를 잡아서 체액을 빨아먹는다. 배 끝에 달린 한 쌍의 호흡관을 물 위로 내놓고 호흡한다.

대벌레목

Phasmida

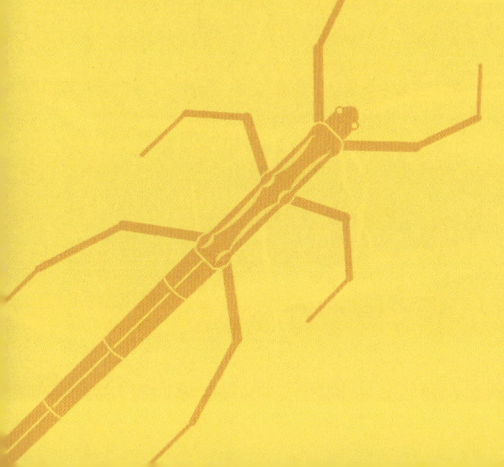

긴수염대벌레
긴수염대벌레과

몸길이 70~100mm. 산림지대에서 서식한다. 머리는 앞쪽이 굵고 앞가슴보다 길다. 더듬이는 앞다리보다 길며 몸색은 녹색, 회갈색 등 변화가 많다. 전체적으로 나뭇가지 모양이고 날개는 퇴화되어 날지 못한다. 어른벌레는 5~10월에 발견된다. 한국, 일본, 타이완에 분포한다. 산림해충.

아하! 어른벌레는 벚나무·황매화·밤나무·감나무 등의 잎을 먹으며, 건드리면 죽은 듯이 움직이지 않는 의사행동을 한다.

짝짓기

마른 나뭇가지를 닮은
긴수염대벌레

재미있는 곤충이야기

자기 몸을 지키는 지혜 ①

같은 곤충끼리도 강한 것이 약한 것을 잡아먹는 자연 속에서 곤충은 자기 몸을 지키고 살아남기 위해 슬기를 발휘한다. 몸을 지키는 방법에는 보호색이나 경계색을 이용하거나 의태를 하거나 독이나 냄새를 가진 곤충을 흉내내는 것도 있다.

보호색 몸 빛깔을 변화시키는 방법이다. 장소나 계절에 따라 몸빛을 주위의 나무와 풀잎의 색과 비슷하게 바꾸어 적을 속이는 것이다.

경계색 곤충 중에는 빛깔이 눈에 잘 띄거나 몸 모양을 특이하게 하여 적을 위협하는 것이 있다. 이런 것은 적이 쉽게 덤벼들지 못한다.

의태(擬態) 자신의 몸을 주위의 사물과 비슷하게 변화시키는 것이다. 색깔은 물론 모양이나 무늬까지도 닮게 만든다.

대벌레목

대벌레
대벌레과

몸길이 100mm 정도. 산림지대에서 서식한다. 전체적으로 나뭇가지 모양이다. 수컷은 몸체가 가늘고 색깔은 담갈색이며 가슴 등쪽에 뚜렷하지 않은 붉은 띠가 있다. 암컷은 몸색이 담갈색, 흑갈색, 녹색, 황록색 등 여러 가지로 나타난다. 어른벌레는 6~10월에 발견된다. 한국, 일본에 분포한다. 산림해충.

대벌레 약충

아하! 졸참나무·상수리나무 등의 잎을 먹으며, 가로수·과수·농작물에 피해를 준다.

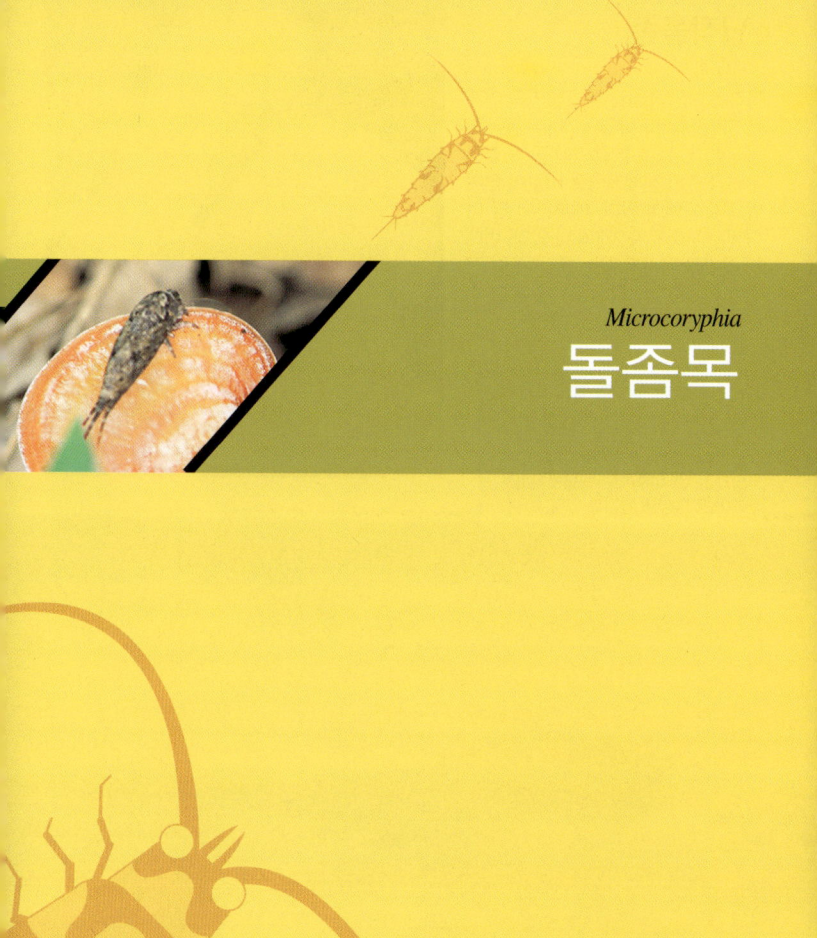

Microcoryphia

돌좀목

납작돌좀
돌좀과

몸길이 10~15mm. 계곡 물가의 이끼 낀 바위 틈이나 낙엽 밑, 나무 틈에서 서식한다. 몸은 황갈색 바탕에 얼룩무늬가 있고 전체적으로 비늘이 덮여 있으며 광택이 있다. 배부분의 각 마디에는 부속지가 2개씩 나 있다. 번데기 시기를 거치지 않는 안갖춘탈바꿈을 한다. 어른벌레는 4~10월에 볼 수 있다. 한국, 중국에 분포한다.

아하! 바위에 붙은 조류나 이끼·썩은 과일 등을 먹는 잡식성이다. 어른벌레는 날개가 없는 무시곤충이며, 어른벌레가 된 이후에도 허물벗기하는 특이한 습성을 가지고 있다.

ⓒ허필욱

Coleoptera

딱정벌레목

먹가뢰
가뢰과 검은먹가뢰

몸길이 17~19mm. 산지의 잎이 넓은 풀이 많은 풀밭에서 서식한다. 몸은 검은색이고 머리는 긴 원통형이다. 앞가슴등판과 딱지날개에 회백색 털로 세로선이 있다. 딱지날개는 길고 양쪽이 거의 평행이다. 어른벌레는 봄부터 가을까지 볼 수 있다. 한국, 일본, 중국에 분포한다. 산림해충.

> **아하!** 잡초, 특히 콩과식물을 먹는다. 암컷은 흙 속에 1,000개가 넘는 알을 낳는다. 애벌레는 겨울나기하면서 메뚜기의 알덩어리를 먹고 자란다.

ⓒ 허필욱

청가뢰
가뢰과

몸길이 12~20mm. 산과 들의 초원지대에서 서식한다. 머리는 삼각형이고 몸은 금속 광택이 나는 청람색이다. 딱지날개에 주름 모양의 점각이 빽빽하고 가로맥이 두 줄 있다. 딱지날개는 금록색이고 몸아래는 점각이 빽빽하다. 어른벌레는 5~7월에 발견된다. 한국, 일본, 중국, 러시아에 분포한다. 산림해충.

 몸 안에 독성 물질(칸다리딘)이 있어 다른 곤충이나 동물들이 피한다.

개미붙이
개미붙이과

몸길이 9mm 정도. 머리는 크고 점각이 많으며 더듬이는 끝으로 갈수록 넓어진다. 딱지날개에 황백색 털로 된 가로무늬가 두 줄 있고 앞면에는 흑갈색의 긴 직립 털이 있으며 날개의 가운데 뒤쪽에 흰색 띠가 있다. 배는 적갈색이다. 어른벌레는 4~8월에 발견된다. 한국, 일본에 분포한다.

> 아하! 애벌레는 나무의 껍질 밑에 살며 목재를 먹이로 하는 다른 곤충을 잡아먹는다.

ⓒ허필욱

> 아하! 상당히 높은 비행능력을 가지고 한낮에 비행하며 꽃을 찾아다닌다. 주로 흰색 꽃에 많이 모이며, 애벌레와 어른벌레 모두 꽃가루만을 먹고 사는 특이한 식성을 가지고 있다.

불개미붙이
개미붙이과

몸길이 12~16mm. 산지에서 서식한다. 몸은 광택이 있으며 날개딱지에 굵은 홍색 가로줄이 3개 있다. 머리와 가슴은 청람색을 띠고 있으며, 배와 다리는 흰색털이 빽빽히 나 있다. 더듬이는 연한 갈색이나 끝으로 갈수록 어두워진다. 어른벌레는 5~8월에 볼 수 있다. 한국, 중국, 몽골, 러시아에 분포한다.

거위벌레
거위벌레과

몸길이 8~9.5mm. 몸은 적자색이고 금속 광택이 나며 머리와 가슴은 검은색이다. 머리는 곤봉형이고 목이 가늘며 앞가슴은 삼각형이다. 딱지날개는 사각형으로 나비가 넓다. 딱지날개는 붉은색 또는 검은색이고 색의 변이가 크다. 어른벌레는 4~8월에 발견된다. 한국, 일본에 분포한다. 산림해충.

> 이름은 목이 길고 배 부분이 짧으며 딱지날개로 감싸고 있는 모습이 오리나 거위와 비슷하기 때문에 유래되었다.

짝짓기

등빨간거위벌레
거위벌레과

몸길이 6.5~7mm. 머리와 가슴, 다리는 밝은 황갈색이고 몸은 붉은색 또는 노란색이며 딱지날개는 군청색이고 금속성 광택이 있다. 이마와 주둥이에 점각이 퍼져 있다. 딱지날개의 어깨부분에 작은 돌기가 뚜렷하다. 앞가슴등판 가운데에 V자형 홈이 있다. 한국, 중국, 몽고, 러시아에 분포한다. 산림해충.

아하! 애벌레는 주로 느티나무의 잎을 갉아먹는데, 심하면 잎맥만 남기고 모두 먹어치운다.

재미있는 곤충이야기

집 주변에서 살아가는 곤충

사람들이 살고 있는 집 주변은 곤충들이 살아가기에 적당한 곳이 많다. 햇빛이 잘 들고 통풍이 잘 되며 사람들의 음식이 넘쳐나고 뜰과 정원에는 사람들의 취미에 따라 여러 가지 풀과 나무들이 많이 자라고 있다. 또 곤충은 먹이가 있으면 먼 곳에서도 찾아오므로 집 주변에서도 쉽게 여러 가지 곤충을 볼 수 있다. 뜰과 정원에는 주머니나방·비단벌레·매미 등을 볼 수 있으며, 집 안에는 바퀴벌레·파리·바구미·모기·이·벼룩 등이 산다.

오카모토거위벌레
거위벌레과

짝짓기

몸길이 7~12mm. 산지에서 서식한다. 몸은 광택이 나며 머리는 검은색이고 가슴과 딱지날개는 적색이다. 가슴의 등쪽 가운데에 큰 검은 점 무늬가 있다. 딱지날개에 세로로 아주 작은 점각무늬가 줄지어 있다. 배의 아랫면은 검은색이며 미세한 노란색 털로 덮여 있다. 어른벌레는 5~9월에 발견된다. 산림해충.

오호! 애벌레와 어른벌레 모두 개암나무의 잎을 주로 먹는 것으로 알려져 있다.

ⓒ허필욱

왕거위벌레
거위벌레과

몸길이 8~12mm. 평지나 산속의 연못, 웅덩이, 용수로에서 서식한다. 몸은 적갈색이며 머리는 목의 길이보다 1.5배 정도 길다. 날개는 붉은색을 띠며 점각이 뚜렷하게 열을 이룬다. 어른벌레는 6~10월에 볼 수 있다. 한국, 일본, 중국, 러시아에 분포한다. 산림해충.

오호! 상수리나무·갈참나무·떡갈나무·신갈나무 등 참나무류의 잎을 주로 갉아먹는다.

짝짓기를 하면서 집을 만드는 왕거위벌레

장다리거위벌레
거위벌레과

몸길이 7~9mm. 몸은 황갈색이며 더듬이 부위는 검은빛이다. 목은 앞가슴등판보다 훨씬 가늘며, 앞가슴등판은 길이보다 폭이 넓다. 앞다리가 뒷다리보다 훨씬 긴 편이며 마디는 부풀어 있는 모양이다. 앞가슴등판은 매끈하며, 딱지날개의 점각 크기는 거의 일정하다. 한국, 중국, 러시아에 분포한다.

짝짓기

황철거위벌레
거위벌레과

몸길이 5.5~7.5mm. 더듬이는 주둥이의 가운데 바로 앞에서 나오며, 수컷의 주둥이는 약간 굽어 있다. 몸은 노란빛을 띤 녹색이나 청자색인 것도 있으며 금속성 광택이 난다. 딱지날개와 앞가슴등판의 점각은 굵고 강하다. 한국, 중국, 일본, 몽고, 러시아에 분포한다. 산림해충.

길앞잡이
길앞잡이과

몸길이 21mm 정도. 몸은 금록색 또는 금적색이고 광택이 나며 머리는 일반적으로 금록청색이고 윗입술은 흑황색이며 가운데에 검은색 용골돌기가 뚜렷하다. 머리의 기부 앞 가장자리는 검은색이고 앞가장자리 가운데에는 예리한 이 4개가 나란히 늘어서 있다. 한국, 중국, 일본에 분포한다.

> 산길을 지나는 사람의 앞에서 계속 날아가는 것이 길을 안내하는 것처럼 보이는 데서 이름이 유래한다.

아이누길앞잡이
길앞잡이과

몸길이 16~19mm. 하천이나 개천 주변의 풀밭에서 서식한다. 몸은 초록색을 띤 적동색이다. 머리의 양 눈 안쪽에 점무늬가 줄을 이룬다. 딱지날개는 옆가두리가 적자색이고 광택이 나며 노란색 무늬가 있다. 다리는 청록색 광택이 난다. 어른벌레는 4~6월에 관찰된다. 한국, 일본, 중국, 러시아에 분포한다.

짝짓기

아하! 식물보다 주로 작은 곤충을 잡아먹는 포식성 곤충이다.

짝짓기

사슴풍뎅이
꽃무지과

수컷의 머리방패가 사슴뿔 모양인 것에서 이름이 유래한다.

몸길이 22mm 정도. 머리는 검은색이고 몸은 적갈색이며 수컷은 등쪽이 회백색 가루로 덮인다. 앞가슴은 반구형이고 앞가슴등판은 앞쪽이 긴 자루 모양이다. 수컷의 머리방패는 양옆이 길게 가지가 나있어서 사슴뿔 모양이다. 어른벌레는 5~6월에 발견된다. 한국, 중국, 티벳, 베트남에 분포한다.

풀색꽃무지

꽃무지과
애초록꽃무지

몸길이 11~16mm. 몸은 흑색이고 담황색 털로 덮인다. 등쪽은 녹색이고 앞가슴등판과 딱지날개는 담황색 작은 무늬들이 흩어져 있다. 머리방패의 앞쪽은 V자형으로 깊게 패었고 외치는 3개인데 분명하다. 한국, 중국, 타이완, 네팔, 인도, 러시아, 일본, 미국에 분포한다. 산림해충.

호랑꽃무지
꽃무지과

몸길이 11mm 정도. 몸은 흑색이고 전신에 노란색 털이 빽빽하게 나 있다. 딱지날개에는 노란색 가로무늬가 3개 있다. 머리방패의 앞쪽 가운데가 패었고 옆은 아래로 굽었다. 암컷은 배가 부풀었고 마지막마디는 넓고 길며 미절판은 둥글다. 한국, 중국, 일본, 러시아에 분포한다. 산림해충.

짝짓기

참나무의 상처에 모여 진액을 먹는 풍이

풍이
꽃무지과

몸길이 23~29mm. 몸은 구릿빛을 띤 초록색이며 보라색을 띠는 개체도 있으며 광택이 강하다. 등쪽은 편평하며 머리 앞쪽은 사각형이다. 앞가슴등판의 양옆은 점구멍이 촘촘히 있으며 딱지날개의 점구멍은 가로로 주름무늬를 이룬다. 어른벌레는 6~10월에 활동한다. 한국, 일본, 중국에 분포한다. 산림해충.

참나무·살구나무·포도나무 등에 모이며, 수액과 과일 즙을 빨아먹는다. 암컷은 썩은 나무 또는 볏짚 등에 알을 놓고 애벌레는 나무나 볏짚을 먹고 자란다.

고려나무쑤시기
나무쑤시기과

숲 속의 수액이 흐르는 큰 나무나 마른 나뭇가지 등에서 서식한다. 몸은 흑갈색이고 광택이 강하다. 몸은 길고 납작하며 전체적으로 점들이 많이 흩어져 있다. 딱지날개에 노란색 얼룩무늬가 한 개씩 있으며 날개 끝은 둥글다. 어른벌레는 봄부터 가을까지 볼 수 있다. 한국, 만주, 일본에 분포한다.

아하! 주로 나무의 수액을 먹는다. 애벌레는 수액을 먹거나 다른 곤충을 잡아먹으며 나무줄기의 구멍 속에서 번데기가 된다.

나무의 수액을 빨아먹기 위해 몰려든 고려나무쑤시기와 여러 벌레들

멋쟁이딱정벌레
딱정벌레과

몸길이 35~40mm. 머리와 앞가슴등판과 딱지날개의 가장자리는 적동색이고 딱지날개는 녹색이 도는 검은색이며 앞가슴등판까지 완전히 녹색인 개체도 있다. 머리는 길고 앞머리는 주름살 무늬가 많다. 딱지날개는 점무늬가 밀포되어 있다. 한국, 중국, 러시아에 분포한다.

민줄딱정벌레
딱정벌레과

날개길이 22~29mm. 산지에서 서식한다. 암컷이 수컷보다 크다. 몸은 검은색이고 약간 광택이 난다. 딱지날개에 다른 줄딱정벌레와는 달리 솟아오른 줄무늬가 없는 편이며 편편하다. 포식성이며 강한 턱을 가지고 있어서 작은 절지동물들을 잡아먹는다. 우리 나라에만 분포한다.

산홍단딱정벌레
딱정벌레과

몸길이 40mm 정도. 활엽수림이 발달된 곳에서 서식한다. 대체로 몸전체가 붉은색이며 광택이 강하다. 딱지날개가 초록빛을 띠는 것도 있는데 색깔변이가 심하다. 다리는 흑갈색이고 짧은 가시털이 있다. 딱지날개는 길고 뾰족하며 혹줄이 7개 있다.

아하! 작은 절지동물들을 잡아먹는다. 서식지가 높은 지대일수록 붉은색이 짙어지는 것에서 이름이 유래한다.

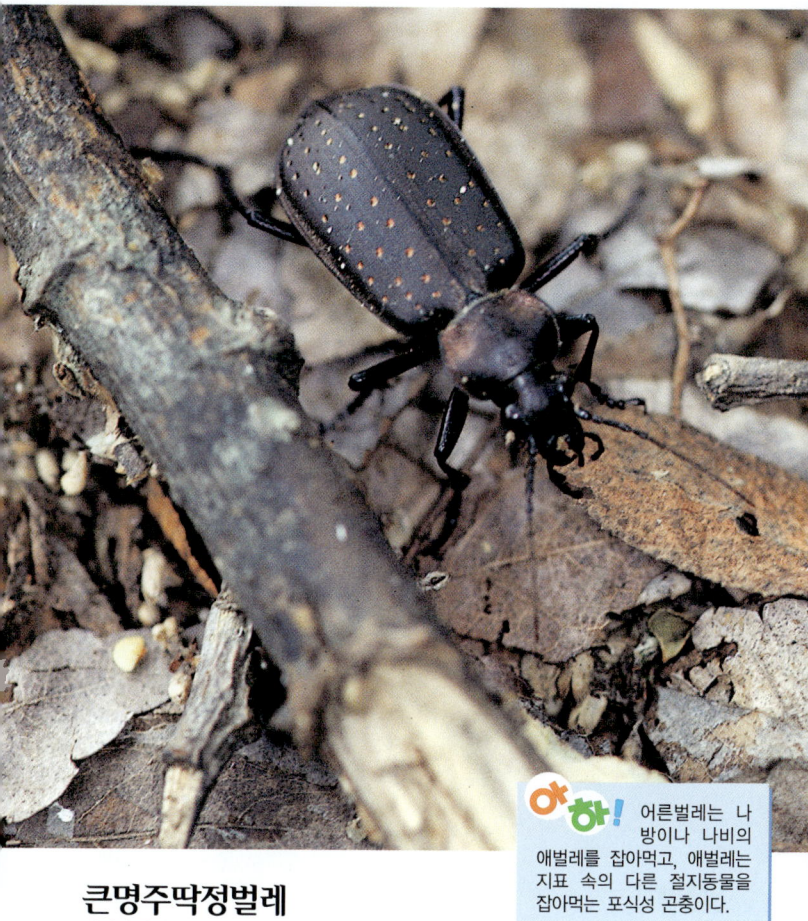

큰명주딱정벌레
딱정벌레과

어른벌레는 나방이나 나비의 애벌레를 잡아먹고, 애벌레는 지표 속의 다른 절지동물을 잡아먹는 포식성 곤충이다.

몸길이 20~31mm. 산지에서 서식한다. 몸은 흑적색이고 앞가슴등판은 어두운 구릿빛을 띤다. 딱지날개는 길고 거친편이며 세로로 3줄의 미세한 노란색 점무늬가 있다. 어른벌레는 대개 6~7월에 발견된다. 한국, 중국, 일본, 러시아에 분포한다.

큰목가는먼지벌레
딱정벌레과

몸길이 6~12mm. 들이나 산의 물가에서 돌이나 낙엽 밑에서 서식한다. 몸은 황적갈색이고 딱지날개는 검은빛을 띤 보라색 또는 남색이다. 앞가슴등판은 길고 노란색이며 작은 점무늬가 촘촘히 있고 한가운데 세로홈이 있다. 어른벌레는 4~9월에 발견된다. 한국, 일본, 타이완, 중국에 분포한다.

아하! 건드리면 항문에서 방귀 소리를 내며 독가스를 내뿜는다. 위험에 처하면 먼지를 일으키며 달아나는 데서 이름이 유래한다.

234 딱정벌레목

고려먼지벌레
딱정벌레과

몸길이 25mm 정도. 몸전체가 약한 광택을 띤 검은색이다. 가슴의 어깨판이 앞쪽으로 돌출되어 있다. 딱지날개에 세로줄무늬가 10개 있고 그 사이사이에 미세한 점무늬가 배열되어 있다. 한국, 일본, 중국에 분포한다.

목대장
목대장과

몸길이 13mm 정도. 산길 주변의 초원과 관목림에서 서식한다. 전체적으로 노란색 털이 많으며 머리는 양쪽으로 튀어나오고 위 끝으로 갈수록 넓어진다. 앞가슴등판은 적갈색이고 딱지날개는 황갈색이며 노란색의 짧은 털로 덮였다. 어른벌레는 5월부터 6월까지 나타난다. 한국, 중국, 일본에 분포한다.

달무리무당벌레
무당벌레과

몸길이 6.7~8.5mm. 배쪽은 검은색이나 등쪽은 황갈색이고 앞가슴등판 가운데의 W자 무늬와 양옆의 점무늬는 검은색이다. 딱지날개는 주홍색이며 노란색 테두리의 점무늬가 좌우 대칭으로 있다. 어른벌레는 봄부터 가을까지 볼 수 있다. 한국, 중국, 일본, 미얀마, 타이완에 분포한다.

> 주로 소나무류의 진딧물을 잡아먹는다. 딱지날개의 점무늬 모양에서 이름이 유래되었다.

십이흰점무당벌레
무당벌레과

몸길이 5mm 정도. 몸은 방추형이고 연한 노란색 바탕에 검은 갈색의 반점이 있다. 앞가슴등판은 연한 노란색이고 양옆으로 흰점이 2개 있다. 딱지날개는 황적색이고 흰점 6개가 좌우대칭으로 있다. 어른벌레는 5~6월에 볼 수 있다. 한국, 일본, 중국, 러시아, 몽고, 유럽 등지에 분포한다.

> 딱지날개의 흰점이 12개인 데서 이름이 유래되었다.

칠성무당벌레
무당벌레과

몸길이 5~8.5mm. 들과 야산의 잡초 지역이나 진딧물이 있는 곳에서 서식한다. 몸은 반구이고 등쪽은 자주색을 띤 갈색이다. 머리는 검은색이지만 이마에 노란빛을 띤 흰색 무늬가 있다. 머리는 점무늬가 촘촘히 있고, 딱지날개에 검은색 무늬가 7개 있다. 어른벌레는 이른 봄부터 가을까지 볼 수 있다. 우리 나라는 물론 유라시아, 아프리카까지 널리 분포한다.

아하! 어른벌레는 위험에 처하면 갑자기 땅에 떨어져 죽은 척을 하거나 다리관절 사이에서 냄새가 나는 액체를 뿜어내어 위기를 모면한다. 이름은 딱지날개에 점이 7개 있는 데서 유래한다.

번데기(왼쪽)와 애벌레

무당벌레
무당벌레과

몸길이 7mm 정도. 들이나 산의 진딧물이 있는 곳이면 어디에서나 서식한다. 몸은 반구형이고 앞가슴등판은 노란색 바탕의 4~5개의 검은색 점무늬 또는 M자 모양의 무늬가 있다. 딱지날개에는 9쌍의 작은 점무늬가 있으나 변이가 심하다. 봄부터 늦가을까지 연중 어른벌레를 볼 수 있다. 한국, 일본, 타이완, 중국에 분포한다.

번데기

갓 탈바꿈을 한 무당벌레

진딧물을 잡아먹는 무당벌레

아하! 가을이 되면 어른벌레는 무리지어 풀과 낙엽 밑, 건물 안 등으로 이동해 겨울을 지낸다. 어른벌레와 애벌레는 진딧물을 잡아먹는 익충(益蟲)이다. 손으로 잡으면 역한 냄새가 나는 노란색 액체를 내뿜는다.

ⓒ허필욱

한곳에 모여 겨울을 보내는 무당벌레

딱정벌레목

짝짓기

이십팔점박이무당벌레

무당벌레과

몸길이 6mm 정도. 몸은 달걀 모양이고 적갈색이며 딱지날개에 검은색 반점이 28개 있다. 배마디는 대부분 검은색이며 앞가슴배판의 옆면에 홈이 있다. 다리는 황갈색이다. 날개 표면의 홈은 상당히 크고 드문드문 배열된다. 한국, 중국, 일본, 인디아, 타이완, 오스트레일리아에 분포한다.

아하! 무당벌레류는 대부분 진딧물 등을 잡아먹으므로 익충(益蟲)이지만, 오이·콩·녹두·팥·가지 등의 작물의 잎을 갉아먹으므로 해충(害蟲)으로 취급된다.

아하! 딱지날개의 검은색 무늬가 28개인 데서 이름이 유래되었다.

큰이십팔점박이무당벌레
무당벌레과

몸길이 6~7.5mm. 암컷이 수컷보다 크다. 산림 지대와 경작지 주변에서 서식한다. 몸은 반구형이고 적갈색이며 회갈색 미모로 덮여 있다. 딱지날개에는 검은색 무늬 28개가 좌우대칭으로 있다. 어른벌레는 대개 4~10월에 볼 수 있다. 한국, 중국, 일본에 분포한다. 산림해충.

재미있는 곤충이야기

곤충의 겨울나기

곤충은 기온이 변하면 체온이 변하는 변온동물(變溫動物)이기 때문에 기온이 낮은 겨울에는 몸을 움직일 수 없게 된다. 그래서 곤충은 보통 낙엽 밑이나 나무껍질 속·식물의 뿌리 근처나 흙 속에서 겨울을 보내는데, 이런 곳은 습기가 적당하고 온도의 변화가 심하지 않기 때문이다. 또한 동굴 속이나 커다란 바위 틈, 쓰러진 거목 아래는 훌륭한 겨울나기 장소가 된다.

- **알** 알을 싸고 있는 두꺼운 알껍데기는 겨울 동안의 매서운 바람과 혹독한 추위를 훌륭히 막아 준다.
- **애벌레** 알에서 깨어난 애벌레는 추위를 피하여 마른 낙엽 밑이나 나무의 껍질 속에서 성장을 멈추고 휴면한다.
- **번데기** 애벌레가 다 자라면 먹이가 되었던 풀이나 나무에서 번데기로 매달리는데, 단단한 껍데기가 바람과 추위를 막아 준다.
- **어른벌레** 추위를 피해 바위 밑이나 동굴 속 또는 낙엽 밑에 집단으로 모여 휴면하면서 겨울을 지낸다.

물땡땡이
물땡땡이과

몸길이 32~40mm. 논이나 연못에서 서식한다. 몸은 광택이 나는 칠흑색이다. 앞머리에 점무늬들이 갈고리 모양을 이루고 앞가슴등판의 점무늬들은 팔(八)자 모양이다. 딱지날개에는 점무늬가 4줄을 이루고 있다. 가운뎃다리와 뒷다리의 발목마디에 황갈색 긴 털이 촘촘히 있다. 한국, 일본, 티베트, 동남아시아에 분포한다.

아하! 수초를 먹으며, 수초에 알주머니를 만들어 수십 개의 알을 낳는다.

ⓒ 허필욱

가는줄물방개
물방개과

몸길이 5mm 정도. 머리에 가는 점각이 흩어져 있고 더듬이는 황갈색이다. 몸은 암갈색이고 배면은 검은색이며 광택이 난다. 딱지날개에 흑갈색 세로줄 무늬가 있고 점각이 흩어져 있다. 수컷의 앞다리와 가운데 발목마디는 약간 부풀어 있다.

물고기의 사체를 뜯어먹는 가는줄물방개

물방개 몸의 생김새

기문 등쪽에 있다. 물 속에서는 앞날개 밑에 모아놓은 공기로 호흡을 한다.

뒷다리 긴 털이 많이 나 있다. 물 속에서 헤엄을 치는 데 쓰인다.

앞다리 수컷의 앞다리는 원반형이고 빨판이 있다. 짝짓기를 할 때 암컷을 붙잡고 있기에 편리하다.

물방개
물방개과

몸길이 35~40mm. 몸은 약간 납작하고 완만한 타원형이다. 수컷의 등면은 매끈하고 광택이 있으며 암컷의 등면은 줄 모양의 홈이 있고 거칠다. 다리에 털이 있고 다리를 함께 좌우로 움직여 헤엄친다. 어른벌레는 연중 볼 수 있다. 한국, 일본, 중국, 타이완에 분포한다.

오하! 어른벌레와 애벌레 모두 물 속의 다른 곤충이나 작은 물고기를 잡아먹는 포식성이다.

점박이길쭉바구미
바구미과

몸길이 6~13mm. 몸은 검은색이며 흑갈색 비늘가루가 덮여 있다. 주둥이는 가늘고 길다. 앞가슴등판의 양옆은 세로줄 모양이 있으며 딱지날개의 양옆에 줄무늬가 있다. 어른벌레는 5~6월에 산지에서 많이 볼 수 있다. 한국, 중국, 일본에 분포한다.

아하! 산과 들에서 자라는 쑥이나 여뀌의 잎을 갉아먹는다.

짝짓기

털보바구미
바구미과

몸길이 8~12.5mm. 몸은 검은색 비늘로 촘촘히 덮여 있다. 가슴과 배는 타원형이고 흰색 비늘조각이 세로로 나 있다. 딱지날개 뒤 끝쪽에 매우 길고 거센 털을 갖는다. 다리마디는 검은색이고 끝으로 갈수록 흰색이 많아진다. 어른벌레는 5~6월에 발견된다. 한국, 일본에 분포한다.

우엉바구미
바구미과

몸길이 7mm 정도. 몸은 검은색이고 주둥이가 가늘고 긴 편이다. 더듬이는 적갈색이고 다리의 발목마디는 붉은색이다. 몸의 등쪽에는 흰색 짧은 털이 점무늬 모양으로 나 있다. 앞가슴등판 가운데와 양옆은 흰색 털로 줄무늬 모양을 하고 있다. 한국, 일본에 분포한다.

짝짓기

짝짓기

혹바구미
바구미과

몸길이 12~16mm. 몸은 검은색이고 회백색 및 갈색 비늘조각이 조밀하게 덮여 있다. 주둥이는 짧고 넓은 사각형이다. 앞가슴등판은 원통형으로 양측이 평행하고 전체적으로 주름골이 깊다. 딱지날개의 후방에는 각상 돌기가 큰 혹을 형성한다. 한국, 중국, 일본에 분포한다. 산림해충.

아하! 칡 등 콩과 식물의 잎을 갉아먹고 산다. 건드리면 땅에 떨어져 죽은 체하는 의사행동을 보인다.

회떡소바구미
소바구미과

몸길이 5~8mm. 몸은 전체적으로 검은색이며 더듬이는 곤봉형이고 주둥이는 흰색의 털로 덮여 있다. 가슴 아랫부분과 딱지날개가 닿는 부분에 갈색 털이 있다. 다리의 종아리마디에 회색고리가 있다. 윗날개 기부의 회색 무늬는 팔(八)자 모양이다. 어른벌레는 5~10월에 볼 수 있다. 한국, 일본, 중국에 분포한다.

어리쌀바구미
왕바구미과

몸길이 2.3~3.5mm. 쌀이나 옥수수 등에서 서식한다. 몸은 갈색이다. 암컷은 곡식 한 알에 알 하나를 낳는데, 암컷 한 마리당 약 200개의 알을 낳는다. 알에서부터 어른벌레로 우화하는 데 약 한 달 걸린다. 어른벌레는 집 밖으로 나가서 창고 밑바닥의 돌 또는 나뭇조각 아래에서 겨울을 난다. 한국을 비롯한 전세계에 분포한다.

> 어른벌레는 쌀을 갉아먹고, 애벌레는 쌀 속으로 파고 들어가서 곡식에 피해를 준다.

왕바구미

왕바구미과

몸길이 12~35mm. 몸은 통통하며 검은색 바탕에 회갈색 비늘가루로 덮여 있다. 머리는 회갈색 털로 덮여 있고 주둥이는 길다. 앞가슴등판 가운데에 세로줄이 1개 있으며 작은 돌기가 많다. 다리의 종아리마디에 날카로운 갈고리가 1개 있다. 1년 내내 눈에 띄며 6~7월에 가장 활발하게 활동한다. 한국·일본·중국·동남아시아·오스트레일리아 등지에 분포한다.

아하! 놀라면 밑으로 떨어져 죽은 체하는 의사 행동을 한다. 상수리나무·굴참나무·참나무 등의 줄기나 나무 진이 있는 곳에서 볼 수 있고 유충은 나무 속을 파먹고 자란다.

곳체개미반날개
반날개과

몸길이 11mm 정도. 몸전체에 크고 작은 점각이 퍼져 있다. 앞가슴등판은 둥글고 황갈색이며 광택이 난다. 딱지날개는 흑람색이고 복판은 검은색이다. 배부는 황갈색인데 배마디마다 등색 털이 줄지어 난다. 다리는 허벅마디의 대부분이 검은색이고 발목마디는 등황색이고 털이 많다.

짝짓기

재미있는 곤충이야기

곤충의 생태계

곤충의 세계에도 강한 것이 약한 것을 잡아먹는 약육강식(弱肉强食)의 법칙이 적용된다. 이런 관계는 모두 식물을 기초로 하여 이루어진다. 작은 곤충은 식물을 먹고 살며, 육식 곤충은 식물을 먹고 사는 곤충을 잡아먹는다. 이 육식 곤충은 새나 개구리 등에게 먹히고, 또 이들은 독수리 같은 더 큰 동물에게 잡아먹힌다. 이러한 관계를 먹이사슬이라고 한다.

곤충의 먹이사슬

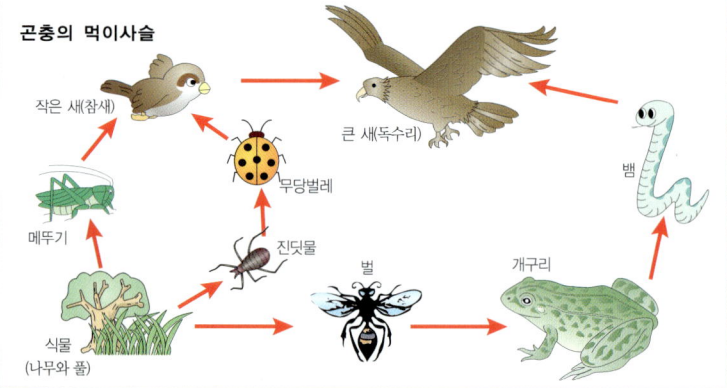

늦반딧불이
반딧불이과

몸길이 17~30mm. 산기슭의 개울가, 논 등에서 서식한다. 몸은 오렌지색 빛을 띠고 머리, 앞날개, 다리 등은 암갈색을 띤다. 겹눈은 크며 앞가슴은 반타원형을 이룬다. 앞날개에 점무늬가 촘촘히 나 있다. 암컷은 날개가 퇴화되어 풀줄기 위를 기어 다닌다. 어른벌레는 8월 중순부터 가을까지 관찰된다. 한국, 중국, 일본에 분포한다.

밤에 풀잎에 앉아 약한 빛을 내는 것은 암컷이고, 밝은 빛을 내며 밤하늘을 이리저리 날아다니는 것이 수컷이다. 애벌레는 계곡 주변에서 달팽이나 고동류를 잡아먹는다.

애반딧불이
반딧불이과

몸길이 8~10mm. 논, 습지, 연못 주변에서 서식한다. 몸은 흑색을 띤다. 머리는 앞가슴 아래에 숨어 있고 겹눈은 크며 더듬이는 실 모양이다. 겉날개는 검은색이고 앞가슴 등판은 주황색 바탕에 검정색의 굵은 세로줄이 있다. 어른벌레는 4~10월에 볼 수 있다. 한국, 일본, 러시아에 분포한다.

어른벌레의 수명은 약 15일이며 주로 이슬을 먹는다. 알에서 깨어난 애벌레는 물속으로 들어가 우렁·물달팽이·논고동 등을 먹고 산다.

ⓒ 허필욱

ⓒ 허필욱

대유동방아벌레
방아벌레과

몸길이 9~12mm. 몸이 넓고 둥근편이며 전체적으로 적색을 띠며 광택이 있다. 더듬이는 검은색 톱날모양이다. 등면은 둥글고 분홍색이며 적갈색의 비늘 모양의 털로, 배면은 옅은 갈색의 비늘로 덮여 있다. 어른벌레는 5~6월에 활발하게 활동한다. 한국, 중국, 러시아에 분포한다.

> **아하!** 어른벌레는 초본류의 잎을 갉아먹는다. 커다란 배를 이용해 딱딱거리며 튀어오르는 습성이 있어 방아벌레라고 부르며, 영어로는 'click beetle'이라 한다.

왕빗살방아벌레
방아벌레과

몸길이 30~35mm. 몸은 검은색이며 앞가슴등판과 딱지날개에는 흰색 잔털이 표면을 덮고 있다. 어른벌레는 초여름에 발견되며, 애벌레는 썩은 나무의 껍질 밑이나 산림의 부식토 속에서 찾을 수 있다. 가을에 어른벌레가 된 후 월동을 한다. 한국, 일본에 분포한다.

날기 직전의 모습

이름은 딱지날개의 줄무늬와 몸을 뒤집어 놓으면 떡메로 방아질을 하듯 위로 튀어오르는 데서 유래한다.

진홍색방아벌레
방아벌레과

몸길이 10~13mm. 야산의 고목 주위에서 서식한다. 머리와 가슴은 검은색이고 광택이 난다. 가슴 가운에 사각형의 홈이 있으며, 딱지날개와 닿는 부분은 뾰족하다. 딱지날개는 광택이 나는 진홍색이며 검은색의 점무늬 2개와 줄무늬가 있다. 어른벌레는 4~7월에 볼 수 있다. 한국, 일본에 분포한다.

> 애벌레는 썩은 나무의 속에서 발견할 수 있으며 가을 이후에는 봄까지 어른벌레로 겨울나기를 한다.

털보왕버섯벌레
버섯벌레과

몸길이 9~13mm. 몸은 길쭉한 타원형이고 검은색이며 광택이 난다. 겹눈은 크게 돌출하고 배에는 짧은 털이 조밀하게 나 있다. 딱지날개에는 복잡한 주황색 무늬가 있고 윗부분에 붉은 세로줄 무늬가 양쪽을 서로 연결하는 일직선상에 있다. 어른벌레는 5~6월에 발견된다. 한국, 일본에 분포한다.

> 어른벌레는 떡갈나무 등의 죽은 나무에서 자라는 버섯을 먹는다.

꽃벼룩
꽃벼룩과

몸길이 3~5.5mm. 식물의 꽃에서 서식한다. 몸은 검은색이고 등쪽은 털이 많아 흑자색을 띤다. 더듬이는 황갈색이다. 배는 삼각 모양이며 딱지날개 가운데에 회색의 짧은 털이 많이 나 있다. 수컷의 꼬리마디등판은 꼬리마디의 약 2.5배이고 암컷은 약 2배이다. 한국, 일본, 러시아, 몽골, 유럽에 분포한다.

노랑테병대벌레
병대벌레과

몸길이 14~17mm. 몸은 검은색을 띠고 머리 앞쪽과 가슴의 옆은 노란색이다. 수십 또는 수백 마리가 모여 집단 서식하며 어른벌레와 애벌레 모두 야산의 풀밭에서 식물에 모인 진딧물 등의 작은 곤충을 잡아먹는다. 어른벌레는 5~6월에 발견된다. 한국, 일본에 분포한다.

> **아하!** 병사들이 모인 군대처럼 집단서식하며, 다른 곤충을 포식하는 습성에서 병대벌레라는 이름이 유래되었다.

등붉은병대벌레

병대벌레과

몸길이 11mm 정도. 몸은 전체적으로 검은색을 띠며 배의 등쪽 부분이 붉은색이다. 머리와 앞가슴등판에 검은색 작은 무늬가 있다. 어른벌레와 애벌레 모두 야산의 풀밭에서 식물에 모인 진딧물 등의 작은 곤충을 잡아먹는다. 어른벌레는 5~6월에 발견된다. 한국, 일본에 분포한다.

아하! 이름은, 등이 붉은색이고 병사들이 모인 군대처럼 집단 서식하며 다른 곤충을 포식하는 습성에서 유래되었다.

짝짓기

소나무비단벌레
비단벌레과 금초록비단벌레

몸길이 30mm 정도. 몸은 적동색 또는 금동색이고 황회색 비늘조각이 퍼져 있다. 머리의 양쪽에는 길쭉한 검각이 불규칙하게 줄지어 있다. 딱지날개에 각각 4줄의 굵고 평활한 검은색의 솟아오른 부분이 있다. 어른벌레는 5~8월에 발견된다. 한국, 일본, 타이완에 분포한다. 산림해충.

아하! 애벌레가 소나무 속을 파 먹으며 살고, 몸이 비단처럼 보이는 데서 이름이 유래되었다.

사슴벌레와 싸우는 다우리아사슴벌레(왼쪽)

다우리아사슴벌레
사슴벌레과

몸길이 20~38mm. 몸은 짙은 적갈색이고 금속 광택이 나며 작은 점무늬가 많다. 수컷의 위턱은 짧고 위를 향하고 끝에서 안으로 굽었으며 큰 이빨이 1개 있다. 수컷은 턱의 변이가 심하다. 크기는 작은 편이지만 활동성이 강하다. 한국, 중국, 러시아, 일본에 분포한다.

애벌레는 참나무류의 가지에서 많이 볼 수 있다.

두점박이사슴벌레
사슴벌레과

몸길이 47~60 mm. 제주도 산지의 활엽수림대에서 서식한다. 몸은 황갈색이고 앞가슴등판 양옆의 뒤쪽에 검은색 둥근 무늬가 있으며 딱지날개에 검은색 가는 줄이 있다. 수컷은 머리 부분 가운데에 2개의 돌기가 앞으로 돌출되어 있다. 어른벌레는 5~9월에 볼 수 있다. 한국, 중국, 타이완, 네팔, 몽골에 분포한다. I급 멸종위기곤충.

암컷은 6~8월에 산란을 하며, 썩은 나무에 3~7mm의 정도의 홈을 파서 알을 낳고 나무 부스러기로 구멍을 메운다.

ⓒ허필욱

넓적사슴벌레
사슴벌레과

몸길이 20~53mm. 우리 나라 사슴벌레 중 가장 크며 산지의 활엽수에서 서식한다. 몸은 광택이 있는 검은색을 띠며 머리 방패의 앞쪽은 깊게 패어 2개의 삼각형처럼 보인다. 턱은 양쪽이 거의 평행이다가 끝에서 굽었으며 큰 이빨이 1개 있다. 배는 흑갈색이다. 한국, 일본, 타이완에 분포한다. 산림해충.

아하! 낮에는 상수리나무 등의 고목 속에 숨어 있고, 밤에는 나무진이나 과일이 열린 곳에 모인다.

암컷

수컷

사슴벌레
사슴벌레과

아하! 이름은 커다란 턱이 사슴의 뿔처럼 보이는 데서 유래되었다.

몸길이 27~51mm. 중·북부 지방의 참나무 숲에서 서식한다. 몸은 적갈색 또는 흑갈색인데 암컷이 더 진하며 매우 가는 황금색 잔털로 덮여 있다. 머리의 앞쪽은 꼬끼리의 귀처럼 넓게 늘어났으며, 큰 턱은 굵고 강하며 아래쪽을 향해 있다. 한국, 중국, 러시아, 일본에 분포한다. 반출금지종.

애사슴벌레
사슴벌레과

몸길이 12~48mm. 활엽수가 발달한 숲에서 서식한다. 몸은 약한 광택이 있는 흑색이다. 턱은 가늘고 길며 끝쪽에서 굽었다. 암가슴배판의 양옆은 패였고, 뒤쪽이 넓게 돌출하였다. 딱지날개는 미세한 점각이 조밀하게 분포하고 암컷의 이마에는 작은 돌기가 2개 있다. 한국, 중국, 일본에 분포한다.

애벌레는 참나무류에서 살며, 고목이나 돌밑에서 어른벌레로 월동을 한다. 여름에는 나무진에 모이고 불빛에 날아온다.

딱정벌레목

톱사슴벌레
사슴벌레과

몸길이 23~45mm. 키가 큰 활엽수가 있는 산지에서 서식한다. 몸은 흑갈색이며 약한 광택이 있다. 턱이 매우 큰데 안쪽에 큰 이빨이 1개 있고, 그 사이에 작은 이빨이 6~8개 있어 전체적으로 톱날 모양이다. 암컷은 등쪽이 높은 타원형이며 점각이 많다. 어른벌레는 주로 7월에 우화하고 불빛에 잘 날아 온다. 한국, 일본, 대만에 분포한다.

ⓒ허필욱

애벌레

아하! 졸참나무나 신갈나무 숲에서 많이 살아간다. 톱사슴벌레는 사슴벌레 중 성격이 가장 급하여, 적이 나타나면 턱으로 위협하거나 물어서 들어올리는 행동으로 자신을 보호한다.

왕사슴벌레
사슴벌레과

몸길이 27~53mm. 몸은 검은색이고 약한 광택이 있다. 큰 턱은 짧은 편이나 굵고 둥글게 굽었으며, 안쪽 이빨은 1개이고 굵으며 앞쪽에 위치한다. 어른벌레의 수명이 2년 이상인 경우도 있다. 한국, 중국, 일본에 분포한다. 개체가 많지 않아 보호 차원에서 국외반출이 법으로 금지되어 있다.

홍다리사슴벌레
사슴벌레과

몸길이 20~35mm. 몸은 검은색이고 광택이 있으며 점무늬가 촘촘히 있다. 각 다리의 마디는 검붉은색이다. 큰 턱은 길고 둥글게 굽었으며 안쪽이빨은 3개이다. 딱지날개는 매끈하고 양날개가 만나는 부분에 점무늬가 있다. 어른벌레는 6~9월에 발견된다. 한국, 중국, 일본, 타이완, 미얀마에 분포한다.

아하! 이름은 붉은색 다리에서 유래되었으며, 암·수의 사이가 좋은 것으로 알려져 애완용으로 사육한다.

넉점박이똥풍뎅이
소똥구리과

몸길이 6mm 정도. 몸은 갈색이며 광택이 난다. 머리의 가장자리는 부채 모양이며 작은 점들이 많다. 앞가슴등판은 황갈색이고 양쪽에 짙은 갈색의 얼룩무늬가 1개씩 있다. 작은방패판은 삼각형이고 황갈색이다. 딱지날개에는 연하고 짙은 갈색의 얼룩무늬가 4개 있다. 배와 다리는 황갈색이다.

암컷

뿔소똥구리
소똥구리과

이름은 수컷의 머리에 큰 뿔이 있고, 소똥을 둥글게 만드는 습성에서 유래되었다.

몸길이 21~30mm. 목장 지대의 소 배설물 밑에서 서식한다. 몸은 광택 있는 검은색이고 공처럼 부푼 모습이다. 수컷은 머리에 위로 솟은 뿔이 있고 암가슴등판의 앞쪽은 깊고 둥글게 패었으며 양옆과 위쪽에 앞쪽으로 돌출한 삼각형 돌기가 4개 있다. 한국, 중국, 일본, 몽골에 분포한다.

검정송장벌레
송장벌레과

몸길이 30~45mm. 몸은 검은색이고 머리에 세로홈이 3개 있으며 머리방패는 등황색이다. 앞가슴등판은 넓고 편평한 원반형이고 검은색의 아주 작은 점각이 있다. 딱지날개에 불규칙하게 솟아오른 줄이 2개 있다. 어른벌레는 동물의 사체를 땅에 묻고 알을 낳는다. 한국, 중국, 일본, 타이완에 분포한다.

알쏭달쏭! 이름은, 몸이 검은색이고 애벌레가 척추동물의 사체를 먹고 자라는 습성에서 유래되었다.

재미있는 곤충이야기

동굴에서 살아가는 곤충

폐광이나 석회암 동굴 등의 장소는 온도가 낮고 빛이 거의 없으며 습도가 낮으므로 이런 환경에 잘 적응하는 곤충들이 살 수밖에 없으며 그 수는 매우 한정된다. 동굴에는 풀과 나무가 자라지 못하므로 이런 곳에 사는 곤충은 주로 박쥐의 배설물이나 동굴에 함께 사는 다른 동물의 시체를 먹고 살게 된다. 동굴에 사는 곤충의 신비는 아직 밝혀지지 않은 것이 많으며, 장님좀딱정벌레·송장벌레·장님방게 등이 동굴에서 산다.

딱정벌레목

넉점박이송장벌레
송장벌레과

몸길이 15mm 정도. 겹눈은 크고 더듬이는 적갈색이다. 몸은 광택이 나는 검은색이고 머리에는 작은 점각이 퍼져 있으며 활 모양의 세로홈이 있다. 딱지날개는 등황색이고 물결 모양의 검은색 가로띠가 있으며 앞쪽에 거칠고 큰 점각이 빽빽하게 있다. 한국, 중국, 일본에 분포한다.

> **아하!** 이름은 딱지날개에 검은색 점이 4개 보이는 것에서 유래되었다.

넓적송장벌레
송장벌레과

몸길이 8mm 정도. 머리는 검은색이고 작은 점각이 빽빽하게 있다. 앞가슴등판의 좌우 양쪽은 적갈색이고 가운데는 불쑥 솟았으며 복판은 약간 오각형이다. 딱지날개에는 분명치 않은 줄이 솟아올라 있고 그 사이에 점각이 촘촘이 있다. 몸 아랫면은 검은색이다. 한국, 일본, 중국, 러시아에 분포한다.

대모송장벌레
송장벌레과

몸길이 20mm 정도. 머리는 작고 흑갈색이며 머리꼭대기에 오목 들어간 곳이 세 군데 있다. 더듬이는 작고 검은색이다. 양 수염은 흑갈색이고 말단은 적갈색이다. 앞가슴등판은 등황색이고 가운데는 암갈색이며 그 주위에는 점각이 촘촘하다. 다리는 검은색이다. 한국, 일본, 타이완에 분포한다.

작은무늬송장벌레
송장벌레과

한국, 중국, 러시아 등지에 분포하며 생태는 잘 알려져 있지 않다.

노랑썩덩벌레
썩덩벌레과

몸길이 11mm 정도. 초원 지대에서 서식한다. 머리에는 아주 작은 점각이 밀포하고 이마는 눈 사이에 점 모양으로 오목하다. 더듬이는 흑색이며 가늘고 길다. 딱지날개에는 각 10줄의 점각 세로홈이 있고 세로홈 사이는 평면이다. 어른벌레는 5~6월에 나타난다. 한국, 일본에 분포한다.

> **아하!** 어른벌레는 꽃가루를 주로 먹고 애벌레는 식물성 먹이를 주로 먹는다.

짝짓기

사시나무잎벌레
잎벌레과

몸길이 10~12mm. 몸은 흑남색이며 광택이 있다. 딱지날개는 적갈색이다. 어른벌레는 낙엽이나 돌 밑 또는 땅속에서 월동하고 4~10월에 발견된다. 다 자란 애벌레는 꼬리를 잎 뒷면에 부착하고 거꾸로 매달려 번데기가 된다. 한국, 중국, 일본에 분포한다. 산림해충.

> **아하!** 미류나무 등 포플러류의 주요 해충으로, 어른벌레와 애벌레가 모두 잎을 먹는다.

쑥잎벌레

잎벌레과

몸길이 7~10mm. 몸은 흑보라색이고 강한 광택이 난다. 앞가슴등판의 옆은 넓고 낮아서 편평한 계단 모양이다. 딱지날개는 표면에 점무늬가 촘촘히 있고 어깨부분이 툭 튀어나와 있으며 세로줄이 뚜렷하다. 어른벌레는 5~9월에 발견된다. 한국, 중국, 유럽, 일본, 라오스, 몽고, 베트남에 분포한다.

아하! 어른벌레와 애벌레는 모두 쑥잎을 먹는데, 애벌레는 밤에 쑥의 줄기로 기어 올라와 활동하는 습성이 있다.

짝짓기

번데기가 되기 직전의 애벌레

버들잎벌레
잎벌레과

몸길이 6.8~9mm. 몸이 길고 납작하다. 머리와 몸은 검은색이고, 녹청색 강한 광택이 있다. 딱지날개는 황갈색이고 청록색 무늬가 많으며 봉합선 근처는 검은색이다. 다리와 더듬이는 검은색이다. 어른벌레는 4~6월에 발견된다. 한국, 중국, 유럽, 일본, 몽고, 러시아, 타이완에 분포한다. 산림해충.

아하! 어른벌레와 애벌레 모두가 버드나무, 포플러류의 잎을 먹는다. 묘목이나 어린 나무에 피해가 심하다.

애벌레

짝짓기

열점박이별잎벌레
잎벌레과

몸길이 10~14mm. 몸은 전체가 황갈색이다. 딱지날개에 크고 작은 10개의 검은색 점박이 무늬가 좌우대칭으로 있다. 더듬이의 끝쪽 여러 마디는 흑갈색이다. 앞가슴등판에는 점각이 없다. 어른벌레는 봄에서 가을까지 볼 수 있다. 한국, 중국, 캄보디아, 라오스, 베트남에 분포한다.

> 어른벌레와 애벌레의 먹이는 모두 포도나무이지만 밭작물이나 여러 다른 나무에서도 발견된다.

포도나무의 잎을 갉아먹는 애벌레

짝짓기

오리나무잎벌레
잎벌레과

몸길이 7mm 정도. 몸은 진한 남색이고 광택이 난다. 더듬이는 검은색 실 모양이고 다리의 마디는 검은색이며 가운뎃다리와 뒷다리의 종아리마디 끝에 작은 돌기가 있다. 어른벌레는 4~8월에 발견된다. 어른벌레는 낙엽이나 돌 밑 또는 흙 속에서 월동한다. 한국, 중국, 일본, 러시아에 분포한다. 산림해충.

아하! 어른벌레와 애벌레는 모두 오리나무의 잎을 갉아먹는다.

주홍배큰벼잎벌레
잎벌레과

몸길이 6~8.2mm. 머리와 가슴은 홍색이고 앞가슴등판에 큰점각이 세로줄로 쌍을 이루고 있다. 딱지날개는 윤이 나는 남색이고 다리는 검은색이다. 어른벌레는 4~8월에 발견되며 어른벌레는 나무껍질 밑에서 월동한다. 한국, 중국에 분포한다.

아하! 어른벌레와 애벌레는 한삼덩굴이나 벼과 식물의 잎을 갉아먹는다.

짝짓기

중국청람색잎벌레
잎벌레과

몸길이 11~23mm. 몸은 통통하고 검은색 또는 남색이며 강한 광택이 있다. 머리는 가운데 뒤쪽에 쏙 들어간 홈이 있고 앞가슴등판의 옆에는 홈이 패인 것처럼 된 테두리가 있다. 어른벌레는 봄부터 가을까지 볼 수 있으며 6월에 왕성한 활동을 한다. 한국, 중국, 일본, 몽고, 러시아에 분포한다.

아하! 어른벌레와 애벌레는 박주가리, 고구마, 쑥 등의 잎을 갉아먹는다.

참금록색잎벌레
잎벌레과

짝짓기

몸길이 6.5~8.5mm. 머리와 몸은 청람색이고 강한 광택이 있다. 암가슴등판은 주황색을 띠고 앞쪽이 좁으며 작은 점각이 줄지어 있다. 딱지날개는 청람색이고 작은 점각이 줄지어 있다. 어른벌레는 5~9월에 발견된다. 한국, 중국, 일본, 몽고, 러시아에 분포한다. 산림해충.

아하! 어른벌레와 애벌레는 오리나무류의 잎을 갉아먹는다.

황갈색잎벌레

잎벌레과

몸길이 5~6mm. 머리와 앞가슴등판은 흑청색이고 윗날개와 배부분은 적갈색이며 광택이 난다. 앞가슴 등판에는 미세한 점각으로 덮여 있고 뒷가장자리 앞쪽에 주름진 홈이 있다. 가슴 아랫면은 흑갈색이고 배 아랫면은 적갈색이다. 어른벌레는 5~6월에 발견된다. 한국, 중국, 일본에 분포한다. 산림해충.

짝짓기

짝짓기

왕풍뎅이
검정풍뎅이과

몸길이 30~40mm. 몸은 적갈색이고 짧은 회백색 털이 덮고 있다. 머리방패는 거의 사각형인데 앞쪽이 낮고 편평하다. 앞가슴등판의 옆 테두리는 긴 갈색 털을 동반한 홈들이 있다. 딱지날개는 어깨 쪽이 넓고 양쪽 가장자리의 융기선은 날개 끝에 이른다. 한국, 중국, 일본, 러시아에 분포한다. 산림해충.

아하! 어른벌레는 주로 참나무류의 잎을 갉아먹는다.

주황긴다리풍뎅이
검정풍뎅이과 쥐똥나무풍뎅이

몸길이 7~10mm. 몸은 짧고 넓으며, 암갈색 또는 흑갈색이고 비늘이 조밀하게 덮였다. 등쪽은 연한 황갈색 비늘이 균일하게 덮여 있다. 딱지날개에 암적갈색 비늘이 바탕을 이루고 밝은 녹색 비늘이 1~2쌍의 꺾인 무늬를 만든다. 한국, 중국, 일본, 러시아에 분포한다. 산림해충.

아하! 어른벌레는 물푸레나무, 쥐똥나무, 배나무, 사시나무 등을 먹는다.

짝짓기

보라금풍뎅이
금풍뎅이과

몸길이 16~22mm. 등 쪽은 광택이 강한 보라색 또는 남색인데 청색이나 녹색의 변이도 많다. 머리방패는 약간 길고, 전경절의 아랫면에는 암컷은 1개, 수컷은 3~4개의 아래로 향한 긴 돌기가 있다. 한국, 중국, 러시아, 일본에 분포한다. 종보호 차원에서 국외로 반출이 법으로 금지된 종이다.

아하! 동물의 사체나 배설물에 모이며, 배설물을 둥글게 뭉쳐 흙 속에 묻고 그 속에 알을 낳는다.

등노랑풍뎅이
풍뎅이과

등이 높고 긴 달걀 모양이며 광택이 강하다. 등 쪽은 밝은 노란색이고 머리방패와 앞가슴등판의 가장자리는 녹색 또는 녹남색이며, 복면은 암갈색이다. 복부 복판의 가운데는 녹색 내지 구릿빛 검은색이고 경절과 부절은 광택이 강한 흑남색이다. 한국, 중국, 러시아에 분포한다.

등얼룩풍뎅이
풍뎅이과

> **아하!** 어른벌레는 활엽수의 잎을 갉아먹고 애벌레는 식물의 뿌리를 갉아먹는다.

몸길이 8~13.5mm. 앞가슴등판 점각은 타원형 또는 아령 모양이며, 딱지날개는 광택이 있는 갈색이고 2~3열의 검은색 점무늬가 부채꼴 모양으로 배열되어 얼룩처럼 보인다. 그러나 무늬가 흰색이거나 전신이 검은색인 것까지 개체변이가 심하다. 한국, 일본, 미국에 분포한다. 산림해충.

장수풍뎅이
장수풍뎅이과

몸길이 30~55mm. 수컷은 날개딱지가 광택이 나는 흑갈색이며, 암컷은 등판 전체에 연한 털이 있어 광택이 없다. 수컷의 머리에 전방을 향하여 위쪽으로 구부러진 뿔이 있다. 앞가슴 중앙에 끝이 둘로 갈라진 작은 뿔이 있다. 어른벌레는 7~8월에 발견된다. 한국, 중국, 일본, 필리핀, 타이완에 분포한다.

> 밤이 되면 참나무나 밤나무의 진에 모여들고 불빛에도 날아든다. 애벌레는 두엄이나 썩은 낙엽 속에서 산다.

1 알 2~3 애벌레 4 번데기 5~6 우화

연노랑풍뎅이
풍뎅이과

몸길이 11mm 정도. 몸은 연한 황색 내지 갈황색이고 머리 뒷부분은 흑갈색이다. 앞가슴등판에 삼각형의 검은색 무늬가 있고 머리방패는 반원형이다. 딱지날개의 색과 무늬는 여러 가지이며 몸 전체가 검은색인 것도 있는 등 개체 변이가 매우 심하다. 한국, 일본, 러시아에 분포한다. 산림해충.

참오리나무풍뎅이
풍뎅이과

몸길이 7.5~9.5mm 정도. 몸은 광택이 강하고 등 쪽이 녹갈색이나 진한 녹색, 구릿빛 갈색, 보랏빛 녹색, 검보라색 등으로 변이가 심하며 복면은 녹색 또는 검은 구릿빛이다. 머리방패의 앞쪽은 거의 직선형이며, 작은방패판은 삼각형의 혀 모양이다. 한국, 중국 북부, 러시아, 몽고에 분포한다. 산림해충.

참콩풍뎅이
풍뎅이과

몸길이 10~13mm. 몸은 흑남색이고 광택이 있으며 간혹 청자색 또는 흑녹색으로 변이가 있으며 딱지날개에 넓은 갈색 무늬를 갖는 개체도 있다. 미절판과 각 복부 배마디의 양옆에는 흰색 또는 황백색의 강모 뭉치가 있다. 어른벌레는 5~10월에 발견된다. 한국, 중국, 베트남에 분포한다.

재미있는 곤충이야기

논과 밭에서 살아가는 곤충

논에는 항상 물이 괴어 있고 벼가 자라고 있으나 밭에는 거의 물이 없고 여러 가지 채소가 어울려서 함께 자라고 있다. 그러므로 논은 밭에 비해 습기가 많고 바람이 잘 통하지 않으며 먹이가 단순하다. 밭은 논보다 통풍이 잘 되고 먹이가 다양하다. 따라서 논에서 사는 곤충은 무더위도 잘 견디고 벼를 좋아하는 곤충이 살며 그 종류는 한정된다.

밭에는 재배하는 작물에 따라 살아가는 곤충이 각기 다르므로 논에 비해 곤충의 종류가 훨씬 많다. 논에 사는 곤충으로는 이화명나방, 끝검은매미충, 벼메뚜기, 섬서구메뚜기 등이 있다. 밭에 사는 곤충으로는 꽃등에, 꿀벌, 나비류, 무당벌레류, 진딧물류, 잎벌레류, 귀뚜라미 등이 있다.

카멜레온줄풍뎅이
풍뎅이과

몸길이 16mm 정도. 몸은 약하게 광택이 있으며, 등쪽은 녹색 또는 황록색인데 계절에 따라 몸색을 바꾼다. 앞가슴등판 점각은 크고 조밀한 타원형이며, 딱지날개의 점각은 가로로 반원형이며, 측연융기는 뚜렷하다. 어른벌레는 초여름부터 가을까지 볼 수 있다. 한국, 중국, 몽고에 분포한다.

> 이름은 계절에 따라 카멜레온처럼 몸의 빛깔이 바뀌는 것에서 유래되었다.

풍뎅이
풍뎅이과

몸길이 17~23mm. 강변의 야산이나 들판에서 서식한다. 몸은 넓적하며 등면은 진녹색이고, 배면과 다리는 암녹색이다. 머리방패의 점각은 조밀하고 딱지날개의 점각은 선 모양이다. 앞가슴등판에 짧은 세로홈이 있다. 어른벌레는 초여름부터 가을까지 볼 수 있다. 한국, 일본, 대만, 중국, 인도차이나에 분포한다. 산림해충.

짝짓기

> 암컷은 식물의 뿌리 근처에 알을 낳고, 알에서 깨어난 애벌레는 땅 속에서 식물의 뿌리를 먹으면서 자란다.

ⓒ 허필욱

짝짓기

긴알락꽃하늘소
하늘소과

아하! 어른벌레는 노란색, 흰색 등 밝은 색 꽃에 잘 모이며 꽃가루를 먹는다.

몸길이 12~18mm. 숲의 풀밭이나 산기슭에서 서식한다. 몸은 광택이 있는 검은색이고 길쭉하며 긴 더듬이는 끝쪽이 주황색이다. 딱지날개에 노란색으로 눈썹 모양 무늬 2개와 굵은 띠 무늬 4개가 좌우대칭을 이룬다. 어른벌레는 5~8월에 발견된다. 한국, 중국, 러시아에 분포한다. 산림해충.

깨다시하늘소
하늘소과

몸길이 10~13mm. 몸은 검은색 바탕에 등황색 점무늬가 불규칙하게 흩어져 있다. 더듬이는 짙은 갈색이고 각 마디의 끝부분은 검은색이고 밑부분은 푸르스름하다. 앞가슴등판과 딱지날개에는 여러 개의 황색 점무늬가 있다. 어른벌레는 4~8월에 나타난다. 한국, 일본, 중국 등지에 분포한다.

아하! 애벌레는 신갈나무, 졸참나무 같은 여러 종류의 활엽수에서 산다.

꽃하늘소
하늘소과

몸길이 12~17mm. 풀숲에서 서식한다. 몸은 가늘고 길며, 전체에 윤기가 흐르며 약간 어두운 색의 비늘털이 있다. 앞가슴은 종 모양이고 가운데에는 가는 세로줄이 있다. 딱지날개는 검붉은빛을 띤 갈색이다. 어른벌레는 5~8월에 나타난다. 한국, 일본, 중국, 몽골, 러시아, 유럽에 분포한다.

아하! 어른벌레는 꿀을 찾아 찔레나무, 보리수나무, 나무딸기의 꽃에 모여든다.

ⓒ허필욱

© 허필욱

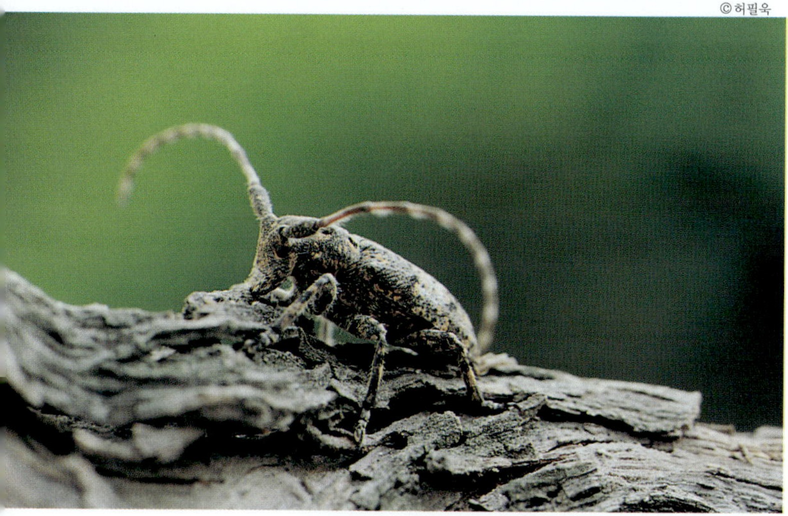

흰깨다시하늘소

하늘소과

몸길이 10~18mm. 다리 부분을 포함하여 몸은 전체적으로 짧은 갈색 털로 덮여 있다. 머리와 가슴은 검은색이고 광택이 난다. 딱지날개는 황갈색이고 복잡한 검은색 무늬가 있다. 더듬이는 검은색이며 마디로 연결되는 부분은 흰색이다. 한국, 중국, 일본, 러시아에 분포한다.

아하! 어른벌레는 활엽수의 수액이 흐르는 곳에 모인다.

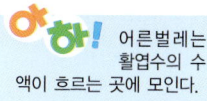

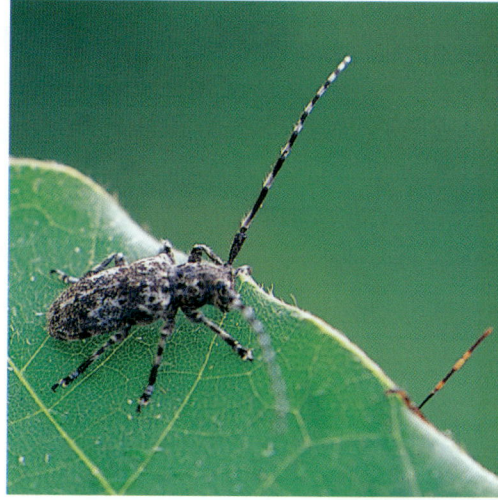

노랑띠하늘소

하늘소과

몸길이 15~20mm. 들판의 풀밭이나 낮은 산지에서 서식한다. 몸은 가늘고 긴 원통형이며 약한 광택이 나는 흑청색이다. 딱지날개에 노란색 넓은 띠무늬가 2줄 있으며 더듬이는 길고 흑갈색이다. 늦은 봄에서 가을까지 볼 수 있다. 한국, 중국, 러시아에 분포한다. 산림해충.

짝짓기

벌호랑하늘소

하늘소과
오리나무통호랑하늘소

몸길이 8~20mm. 몸은 전체적으로 검은색을 띠며 털이 많고 가슴에 짧은 노란색 털이 있다. 딱지날개에 선명한 노란색 줄무늬가 3쌍 있으며 이것으로 벌을 흉내내어 천적을 속인다. 어른벌레는 보통 5~8월에 볼 수 있으며 흰색이나 노란색 풀꽃에 모여 꽃가루를 먹는다. 산림해충.

아하! 이름은 딱지날개의 노란색 줄무늬가 땅벌의 무늬와 비슷한 것에서 유래한다.

무늬소주홍하늘소
하늘소과

몸길이 14~19mm. 들판의 풀밭이나 낮은 산지에서 서식한다. 몸은 검은색이고 긴 털이 있다. 딱지날개는 붉은색이고 가운데에 길고 굵은 띠무늬가 있는데 간혹 이 띠무늬가 없는 개체도 발견된다. 어른벌레는 보통 5~6월에 볼 수 있다. 한국, 중국, 러시아에 분포한다. 산림 해충.

어른벌레는 단풍나무의 꽃에 잘 모인다.

붉은산꽃하늘소

하늘소과

몸길이 12~22mm. 머리와 가슴은 검은색이고 앞가슴등판과 딱지날개, 각 다리의 종아리마디는 적갈색이다. 전체에 노란색 짧은 털이 있고 더듬이는 마디가 톱날 모양이다. 딱지날개는 뒤쪽이 약간 좁고 비스듬하며 바깥쪽이 뾰족하다. 5~9월에 발견된다. 한국, 중국, 일본, 러시아에 분포한다. 산림해충.

> **오하!** 어른벌레는 평지의 풀꽃에서 많이 볼 수 있으며, 애벌레는 소나무, 오리나무, 참나무 등의 죽은 나무를 파먹고 산다.

소나무하늘소
하늘소과

몸길이 12~20mm. 소나무류가 많은 산지에서 서식한다. 몸은 암갈색 또는 흑갈색이며 회백색의 짧은 털이 촘촘하고 더듬이는 짧다. 앞가슴등판 양쪽에 큰 가시 모양의 돌기가 있다. 딱지날개에는 불규칙한 회황갈색 반점과 윤이 나는 검은색 무늬가 섞여 있고 가운데에 희미한 홍갈색의 띠가 있다. 한국, 일본, 중국, 러시아, 유럽에 분포한다. 산림해충.

소나무 껍질 밑에 만든 소나무하늘소의 방

야하! 소나무·가문비나무·곰솔 등에 기생하며, 벌채한 나무의 껍질 아래에 방을 만들어 살고, 어른벌레로 겨울나기한다.

ⓒ 허필욱

수염하늘소
하늘소과

더듬이가 매우 길고 몸은 광택이 강하다. 부분적으로 황록색을 띠지만 군데군데에서 커다란 무늬 모양이 나타나기도 한다. 한국, 중국에 분포한다. 산림 해충.

알락수염하늘소
하늘소과

몸길이 12~24mm. 몸은 검은색이고 등과 다리는 매우 빽빽한 회백색 비늘털이 불규칙하게 흩어져 있다. 배쪽은 회백색의 털로 덮여 있다. 수컷의 더듬이는 몸의 3배이고, 암컷은 몸의 2배이며 첫마디의 중간과 세째마디 이후의 첫부분은 흰색이다. 한국, 일본에 분포한다. 산림해충.

우리목하늘소
하늘소과

몸길이 25~35mm. 몸은 흑갈색이고 황갈색 또는 황백색 짧은 털로 덮여 있다. 앞가슴 등판에 가시 모양의 돌기가 있으며 양옆에는 크고 뾰족한 돌기가 있다. 딱지날개에 넓은 띠무늬가 2개가 황갈색 털로 덮여 있다. 어른벌레는 6~8월에 발견된다. 한국, 중국, 러시아에 분포한다. 산림해충.

> 앞가슴등판에 있는 가시 모양의 돌기를 목에 철갑옷을 두른 것으로 여겨 이름이 유래되었다.

© 허필욱

장수하늘소
하늘소과

> **아하!** 수령이 오래된 서어나무나 참나무류가 있는 극히 제한된 지역의 숲에서 살며, 어른벌레는 신갈나무에서 수액을 빨아먹는다.

몸길이 60~100mm. 머리와 가슴은 검은색이고 날개는 적갈색이며 배는 노란색 잔털로 덮여 있다. 턱은 크고 튼튼하게 생겼으며 위로 구부러져 있다. 앞가슴등판의 옆가장자리에는 톱니 모양의 돌기가 나 있으며, 등판에는 황갈색 털뭉치가 있다. 어른벌레는 6~9월에 나타난다. 우리 나라에 분포하는 딱정벌레 중 가장 크다. 천연기념물 제218호. I급 멸종위기곤충. 반출금지종.

재미있는 곤충이야기

만능기계 같은 곤충의 더듬이

곤충의 머리에는 더듬이가 2개 달린다. 곤충의 더듬이는 사람의 눈과 귀와 입의 기능을 대신한다. 곤충의 더듬이는 보통 암컷보다 수컷이 길고 큰데, 이것은 암컷이 내는 소리나 냄새를 쉽게 알아내기 위한 것이라고 한다.

더듬이의 구실
① 소리를 안다 – 떼지어 나는 모기 곁에서 소리굽쇠로 소리를 내면 모기가 모여든다.
② 맛을 안다 – 딱정벌레나 개미는 먹이를 발견하면 더듬이로 맛을 본다.
③ 방향을 안다 – 바퀴벌레는 더듬이를 이용하여 이리저리 방향을 잡고 돌아다닌다.
④ 냄새를 안다 – 나방은 더듬이로 1km 정도 떨어져 있는 암컷의 냄새를 알아낼 수 있다.

● 여러 가지 모양의 곤충 더듬이

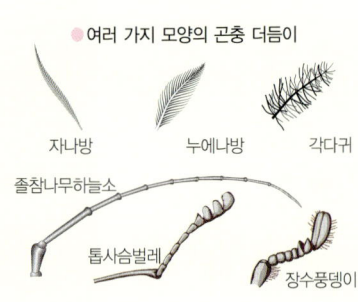

자나방 누에나방 각다귀
졸참나무하늘소
톱사슴벌레
장수풍뎅이

줄각시하늘소
하늘소과

몸길이 8~13mm. 산지의 활엽수가 많은 곳에서 서식한다. 몸색깔은 대체로 약간 광택이 나는 흑갈색이다. 앞가슴등판은 약간 찌그러진 사다리꼴과 비슷하며 가운데가 솟아올라 있다. 딱지날개에 굵게 검은색 띠무늬 2개가 세로로 길게 나 있다. 한국, 중국, 일본에 분포한다.

> 하늘소과의 곤충은 더듬이가 매우 길며 11마디이며 더듬이의 마디가 톡 불거져 있으므로 쉽게 다른 곤충과 구별할 수 있다.

짝짓기

남색초원하늘소
하늘소과

> **아하!** 어른벌레와 애벌레 모두 개망초 등 국화과 식물에 모이며, 잎이나 줄기를 먹는다.

몸길이 11~17mm. 들판의 풀밭에서 서식한다. 몸은 흑청색이며 남색 광택이 있고 등쪽에는 검은색 짧은 털이 많다. 더듬이는 길고 흰색이며, 마디는 검은색이고 제3, 4마디에 검은색 털뭉치가 있다. 어른벌레는 대개 5~7월에 볼 수 있다. 한국, 중국, 일본, 몽고, 러시아에 분포한다.

아하! 풀밭(초원)에서 흔하게 볼 수 있는 하늘소라 하여 초원하늘소라는 이름이 붙었다.

초원하늘소
하늘소과

몸길이 9~19mm. 들판의 풀밭에서 서식한다. 몸은 가늘고 긴 원통형이고 아연색이 도는 검은색이다. 더듬이는 푸른색이 도는 흰색이며 각 마디의 끝은 검은색이다. 딱지날개는 누런빛이 도는 흰색이고 작은 털로 덮여 있으며 무늬가 불규칙하다. 한국, 중국, 일본, 몽고, 러시아에 분포한다.

ⓒ 허필욱

측범하늘소
하늘소과

몸길이 12~19mm. 온대수림대에 피는 꽃이나 벌채한 나무에서 서식한다. 몸은 검은색이고 길쭉하며 앞가슴등판 가운데에 세로줄 무늬가 있다. 딱지날개는 검은빛을 띤 갈색이며 화살표 무늬가 있다. 다리의 넓적다리마디는 곤봉 모양이다. 어른벌레는 7~8월에 볼 수 있다. 한국, 일본, 중국, 러시아에 분포한다.

애벌레는 썩은 사스레나무의 목질부를 파먹으며 들어가 산다.

톱하늘소
하늘소과

몸길이 23~50mm. 산지에서 서식한다. 몸은 흑갈색이며 앞가슴등판의 양옆에 가시돌기가 있다. 암컷의 더듬이는 톱날 모양이다. 가슴은 가운데가 솟아 있으며 광택이 난다. 다리와 딱지날개를 마찰시켜 소리를 낸다. 어른벌레는 5~9월에 볼 수 있다. 한국, 일본, 중국, 러시아에 분포한다. 산림해충.

애벌레는 침엽수의 뿌리를 먹으며, 말라죽은 너도밤나무와 밤나무에서 발견되기도 한다.

털두꺼비하늘소
하늘소과

몸길이 16~27mm. 몸은 흑갈색이고 앞가슴등판과 딱지날개의 표면은 울퉁불퉁하다. 등에 담적갈색 짧은 털이 나고 그 사이에 흑갈색 짧은 털로 된 반점이 퍼져 있다. 딱지날개의 등쪽 기부에 돌기가 있고 흑갈색의 긴 털이 밀생되어 있다. 어른벌레는 5~9월에 발견된다. 한국, 중국, 일본, 러시아에 분포한다. 산림해충.

아하! 몸에 털이 많이 나 있고 등이 두꺼비처럼 울퉁불퉁한 데서 이름이 유래되었다.

하늘소
하늘소과

몸길이 34~57mm. 몸은 흑갈색이고 등에는 회황색의 짧은 털이 촘촘히 나 있다. 머리에는 미세한 주름 모양의 점각이 있고 앞가슴등판에는 큰 주름이 있다. 딱지날개는 끝이 둥글고 날개와 날개가 만나는 곳에 짧은 가시가 있다. 어른벌레는 늦봄부터 가을까지 볼 수 있다. 한국, 중국, 일본, 러시아에 분포한다. 산림해충.

10~20년생의 침엽수에 피해가 많다. 애벌레가 형성층을 식해하여 수액의 이동을 차단시켜 나무를 죽인다.

© 허필욱

흰가슴하늘소
하늘소과

몸길이 12~14mm. 산지에서 서식한다. 몸은 어두운 붉은색이며 앞가슴등판은 누런 흰색이다. 딱지날개에는 노란색 짧은 털이 덮여 있고 날개 뒷부분에 흰색의 가로줄이 1개 있다. 더듬이는 적갈색이고 회색털이 빽빽이 나 있으며 다리는 흰색이다. 어른벌레는 5~7월에 볼 수 있다.

> **아하!** 어른벌레와 애벌레 모두 주로 노박덩굴의 잎을 먹는다. 이름은 앞가슴등판이 흰색인 데서 유래한다.

흰염소하늘소
하늘소과

몸길이 13~20mm. 산지의 활엽수가 많은 곳에서 서식한다. 몸은 길쭉하고 흰색 가루로 덮여 있으며 더듬이와 다리는 황갈색이다. 머리와 앞가슴등판에 검은 점이 세로로 2개 있으며 딱지날개에 검은 점 2쌍이 뚜렷하게 나 있다. 한국, 중국, 일본에 분포한다.

아하! 애벌레는 주로 호두나무의 줄기를 파먹으며 겨울을 난다.

애홍날개
홍날개과

몸길이 7~9mm. 산지에서 서식한다. 머리는 검은색이고 눈 사이는 폭이 넓으며 오목하게 패어 있다. 앞가슴등판은 적갈색이고 검은색 무늬가 있기도 한다. 딱지날개는 적색이고 털부분은 홍적색이다. 뒷다리의 종아리마디는 끝으로 가면서 점점 굵어진다. 어른벌레는 5~7월에 발견된다. 한국, 일본에 분포한다.

홍날개
홍날개과

몸길이 13~17mm. 더듬이는 빗살 모양이고 제3마디의 가지는 암컷에서는 짧고 작으며 톱니 모양이다. 머리는 눈 사이의 앞쪽에 가로홈이 있다. 딱지날개는 붉은색이고 붉은색 털이 빽빽하며 뒤쪽이 넓고 등면에는 가는 세로줄이 많다. 뒷종아리마디는 말단부가 약간 굵다. 한국, 일본, 러시아에 분포한다.

오아! 애벌레는 쓰러져 죽은 나무의 나무껍질 속에서 겨울을 보낸다.

짝짓기

홍반디
홍반디과

몸길이 9~14mm. 머리는 앞가슴에 가려져 있고 주둥이는 길며 더듬이는 편평한 톱날 모양이다. 앞가슴등판에 회색빛을 띤 갈색 털이 촘촘히 나 있다. 작은방패판은 삼각형이고 검은빛을 띤 갈색이며 여기에도 털이 촘촘히 나 있다. 딱지날개는 어두운 주홍색이고 주홍색의 짧은 털이 빽빽하고, 각각 세로줄이 4개 있다. 한국, 일본, 중국에 분포한다.

Homoptera

매미목

거품벌레
거품벌레과

몸길이 9~11mm. 산과 들의 개울가, 논가 등 습한 지역에서 서식한다. 몸은 황갈색이고 등면에 회황색의 불규칙한 얼룩 무늬가 있다. 머리와 앞가슴등판의 종주선은 미세하게 솟고 앞날개에 암갈색 반점 무늬가 뚜렷하다. 어른벌레는 6~9월에 발견된다. 한국, 중국, 유럽, 일본, 러시아에 분포한다. 산림해충.

아하! 거품을 항문에서 내어놓아 그 속에서 산다. 외적이 발견하게 어렵게 하거나 혐오감을 주는 보호장치이다.

노랑얼룩거품벌레
거품벌레과

몸길이 10.5~12.5mm. 머리는 돌출한 잎 모양이고 머리방패의 앞가장자리에 검은색 가로줄 무늬가 있다. 이마판은 노란색 손톱 모양이고 끝은 가늘며, 작은방패판은 작고 뒤쪽 끝이 노란색이다. 딱지날개는 앞가장자리 부근에 노란색 큰 무늬 2개와 불규칙하고 작은 무늬 여러 개가 있다. 한국, 중국, 러시아에 분포한다.

온실가루깍지벌레
가루깍지벌레과

몸길이 2.5~3.9mm. 어른벌레는 4~6월에 나타난다. 배나무와 사과나무밭 등 과수원과 온실에서 서식한다. 몸은 타원형이고 암갈색이며 피부에서 밀랍가루가 나와 흰색으로 보인다. 몸둘레의 밀랍돌기는 18쌍이며 몸 등면의 센털은 짧고 굵다. 온실에서 연중 발견된다. 한국, 일본, 중국, 미국에 분포한다. 산림해충.

> **아하!** 감나무·배나무·감귤류·사과나무 등 과수에 기생하여 수액을 빨아먹는다.

짚신깍지벌레
이세리아깍지벌레과

몸길이 4~10mm. 참나무류가 많은 산지에서 서식한다. 몸은 암갈색이고 배면의 가장자리는 약간 붉은색을 띤다. 배면 끝 부분에 뚜렷한 적색의 분비 구멍이 있다. 더듬이는 대개 8~9마디이며 검은색이다. 입은 작지만 분명하고 주둥이는 짧다. 어른벌레는 5월에 나타난다. 한국, 일본, 중국에 분포한다. 산림해충.

> **아하!** 애벌레와 어른벌레는 너도밤나무·떡갈나무·밤나무·상수리나무·졸가시나무·졸참나무 등의 가지나 줄기에서 수액을 빨아먹는다.

꽃매미

꽃매미과 희조꽃매미, 화산꽃매미

몸길이 9~15mm. 날개길이 40~50mm. 관목이 우거진 산림지대에서 서식한다. 몸은 연갈색이고 등면에 흑갈색 얼룩 무늬가 산재해 있어 참나무류의 나무 껍질과 어울려 보호색이 된다. 앞가슴등판은 연갈색이고 점무늬가 있으며 작은방패판에 세로로 볼록한 선이 3개 있다. 뒷날개의 기부에 붉은색이 뚜렷하다. 한국, 일본, 중국에 분포한다.

ⓒ 허필욱

말매미
매미과

몸길이 40~48mm. 날개길이 60~70mm. 몸은 광택이 나는 검은색이며 황금색 가루에 덮여 있다. 배의 옆 가장자리, 배딱지의 가장자리, 다리의 종아리마디에 주황색 무늬가 있다. 앞날개는 투명하고 날개맥은 흑갈색이다. 뒷날개는 작고 투명하다. 어른벌레는 6~9월에 발견된다. 한국, 중국, 일본, 타이완에 분포한다.

1~9 우화 과정

아하! 어른벌레는 때로 사과나무에 모여들어 새 가지에 알을 낳으며 피해를 주는 과수 해충이다.

우화를 끝내고 날개를 말리는 모습

애매미
매미과

몸길이 28~35mm. 날개길이 40~48mm. 해발 600m 이하의 산과 들에서 서식한다. 몸의 등면은 회황색 바탕에 얼룩 무늬가 있다. 가슴등판에 W자 모양의 녹색 무늬가 선명하다. 앞날개는 투명하고 암갈색 구름 무늬가 있다. 암컷의 산란관은 몸 밖으로 길게 나와 있다. 어른벌레는 7~10월에 나타난다. 한국, 일본, 중국, 타이완에 분포한다. 산림해충.

버드나무와 상록수의 수액을 빨아 먹으며 큰 피해를 준다.

유지매미
매미과

몸길이 31~36mm. 날개길이 50~60mm. 산과 들의 산림 지대에서 서식한다. 몸은 검은색 바탕에 적갈색 무늬가 있으며 변이가 심하다. 때때로 등판과 복부 등면에 흰 가루가 있다. 날개는 불투명하고 흑갈색과 초록색 무늬가 구름 모양으로 배열되어 있으며 날개맥은 연두색이다. 어른벌레는 7~9월에 볼 수 있다. 한국, 중국, 일본, 뉴기니에 분포한다. 산림해충.

울음소리는 "지글지글지글" 하고 울음이 그친 다음에는 "딱 따그르르… 딱 따그르르…" 하는 소리를 낸다. 애벌레는 땅 속에서 활엽수 뿌리를 가해한다.

참매미
매미과

몸 길이 33~36mm. 날개 길이 55~65mm. 활엽수가 많은 산기슭에서 서식한다. 몸의 등면은 흑갈색 바탕이고 흰색·노란색·갈색·초록색의 불규칙한 무늬가 있으며 변이가 심하다. 작은방패판과 복부 등면에 흰 가루가 있다. 앞날개는 투명하고 날개맥은 흑갈색이다. 어른벌레는 7~9월에 출현한다. 한국, 중국, 러시아, 뉴기니에 분포한다. 산림해충.

어른벌레는 뽕나무·오동나무·벚나무·감나무·배나무 등에서 서식하며 울음소리는 "지…" 하는 소리로 시작해 "밈 밈 밈 밈…미…" 하고 반복한다. 애벌레는 땅 속에서 4~5년을 지낸다.

재미있는 곤충이야기

땅 속에서 7년, 나무에서 2주를 사는 매미

매미는 겨우 2~3주일의 여름을 살기 위하여 오랫동안 고생스러운 생활을 견뎌내야 한다.

매미가 알을 낳는 것은 우렁차게 노래를 부르고 짝짓기를 한 다음이다. 매미는 매끄러운 나뭇가지를 골라 그 속에다 알을 낳는다. 이듬해 알에서 깨어난 애벌레는 땅으로 떨어져 굴을 파고 들어간다. 유지매미 애벌레는 땅 속에서 나무뿌리의 진을 빨며 7년(어떤 종은 2~3년, 혹은 15년 이상)을 지내게 된다.

다 자란 애벌레(굼벵이)는 여름이 되면 구멍을 뚫고 땅 위로 나와 가까운 나무에 기어올라 우화하여 비로소 매미가 된다.

땅 위로 올라와 나무를 찾아가는 쓰름매미 애벌레

털매미
매미과

몸길이 20~25mm. 날개길이 35~40mm. 몸은 흑갈색이고 짧은 털이 빽빽하다. 가슴등판은 윤이 나는 검은색이고 초록색 W자 무늬가 있다. 앞날개에 흑갈색 구름 무늬가 불규칙하게 있고 뒷날개는 흑갈색이며 가장자리는 적갈색을 띤다. 어른벌레는 6~8월에 발견된다. 한국, 중국, 일본, 타이완에 분포한다.

외뿔매미
뿔매미과

몸길이 5~6mm. 경작지 주변이나 산과 들의 관목에서 서식한다. 몸은 암갈색을 띠고 점각과 회황색 짧은 털이 많다. 작은방패판의 기부에는 회황색 털뭉치와 비늘가루가 있다. 앞날개는 투명하고 점각이 퍼져 있다. 어른벌레는 6~9월에 나타난다. 한국, 일본, 중국, 러시아에 분포한다. 산림해충.

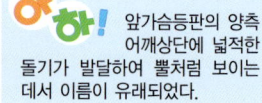

앞가슴등판의 양측 어깨상단에 넓적한 돌기가 발달하여 뿔처럼 보이는 데서 이름이 유래되었다.

금강산귀매미
매미충과

> 칡, 신갈나무, 상수리나무, 갈참나무, 졸참나무 등이 먹이식물로 알려져 있다

몸길이 11~14mm. 산림 지대의 풀밭에서 서식한다. 몸은 황록색이고 등면에 작은 적갈색 미세돌기가 있다. 머리는 주걱처럼 넓적하고 이마는 앞가장자리를 따라 붉은색 띠무늬가 있으며, 앞날개의 날개맥에 과립형 미세돌기가 있다. 어른벌레는 7월에 발견된다. 한국, 중국, 러시아에 분포한다. 산림해충.

끝검은말매미충
매미충과

몸길이 11~13.5mm. 낮은 산지와 풀밭에서 서식한다. 몸은 윤이 나는 황록색이고 아랫면과 다리의 기부는 검은색이다. 홑눈 사이, 앞이마 및 얼굴 가운데에 검은색 점이 1개씩 있다. 앞가슴등판에 삼각형을 이룬 검은색 점이 있고 앞날개에 검은색 띠가 있다. 한국, 중국, 일본, 타이완에 분포한다. 산림해충.

ⓒ 허필욱

돌 틈에서 겨울을 보내는 모습

오하! 과수와 산림의 수관에 기생하며 즙액을 빨아 먹어 나무를 고사시킨다.

신부날개매미충
매미충과

생태는 잘 알려지지 않는다.

지리산말매미충
매미충과

몸길이 8mm 정도. 산림지대에서 서식한다. 수컷은 날개가 발달한 장시형인데, 암컷은 단시형이고 비행능력이 없다. 수컷의 몸은 광택이 있는 적갈색이며, 암컷은 황갈색에서 차츰 진해진다. 암컷의 앞날개는 딱딱해졌고 뒷날개는 퇴화되었다. 어른벌레는 5~8월에 발견된다. 한국, 일본에 분포한다. 산림해충.

암컷과 수컷의 체형이 현저히 다른 다형현상을 보이는데, 이것을 성적이형(性的異形)이라고 한다.

남쪽날개매미충
큰날개매미충과

몸길이 6~7mm. 산과 들의 경작지 주변이나 초원지대에서 서식한다. 몸은 회황색 바탕에 청회색 무늬를 띠며 회색 가루가 퍼진 것도 있다. 머리는 뭉툭하고 얼굴은 편평하다. 앞날개는 부채처럼 넓고 검은 줄무늬가 뚜렷하며 갈색 줄무늬가 무지개처럼 배열된다. 한국, 일본, 중국, 타이완, 인디아, 필리핀, 말레이시아에 분포한다. 산림해충.

ⓒ허필욱

짝짓기

주홍긴날개멸구
긴날개멸구과

몸길이 4mm. 건조한 산림 지대에서 서식한다. 몸은 주황색이고 광택이 있다. 머리는 좁고 정수리는 얇은 돌기를 형성한다. 작은방패판은 선홍색이고 마름모꼴이다. 앞날개는 투명하고 암갈색 실무늬가 있으며, 뒷날개는 폭이 좁고 짧다. 어른벌레는 6~9월에 발견된다. 한국, 중국, 일본, 타이완에 분포한다.

일본멸구
멸구과

몸길이 5~6mm. 경작지 주변의 억새나 갈대가 많은 곳에서 서식한다. 몸은 황백색이며 등면에 황갈색 불규칙한 무늬가 퍼져 있다. 앞가슴등판과 작은방패판은 광택이 나는 담황색이고 붉은색 세로줄 무늬가 있다. 앞날개는 투명하며 날개맥과 날개 무늬는 황갈색을 띤다. 한국, 중국, 일본, 러시아에 분포한다.

상투벌레
상투벌레과

몸길이 12~14mm. 초원 지대에서 서식한다. 몸은 담황색이고 초록색 무늬가 퍼져 있다. 머리는 좁고 정수리는 길쭉하며 양 옆 가장자리가 볼록하다. 앞가슴등판과 작은방패판에 세로 융기선과 세로줄 무늬가 있다. 날개는 투명하며 날개맥은 연초록색이다. 한국, 중국, 일본, 타이완에 분포한다. 산림해충.

아하! 뽕나무류·귤나무류에 기생한다. 머리가 좁고 정수리가 길쭉한 것이 상투 모양이어서 이름이 유래한다.

조팝나무진딧물
진딧물과

몸길이 1.5~2.5mm. 유시충(날개가 있는 것)과 무시충(날개가 없는 것)이 있으며 대개 머리와 가슴은 검은색이고 배는 연두색이지만 변이가 심하다. 뿔관은 검은색이고 원기둥 모양이다. 유시충의 날개는 투명하다. 연중 볼 수 있으며, 전세계적으로 분포한다. 산림해충. 농업해충.

아하! 조팝나무·사과나무·배나무·귤나무 등 각종 과수에 기생하며 열매를 오염시키고 그을음병을 일으킨다.

Orthoptera
메뚜기목

왕귀뚜라미
귀뚜라미과

몸길이 26~40mm. 돌 밑이나 풀뿌리 둘레에 난 구멍에서 서식한다. 몸은 흑갈색이고 머리는 크다. 암컷의 등에 비스듬한 세로맥이 여러 개 있고 수많은 가로맥과 그물 모양으로 되었다. 뒷날개는 꼬리 모양이고 산란관은 약간 구부러졌으며 뒷허벅마디보다 길다. 한국, 일본에 분포한다. 산림해충.

아하! 정원과 주변 풀밭, 습기가 많고 어두운 창고와 화장실, 보일러실에서 발견되며 사람에게 혐오감을 준다.

알락방울벌레
귀뚜라미과

몸길이 6~7mm. 평지나 산속 덤불, 풀밭에서 서식한다. 몸은 검은색이고 다리에 흰색 무늬가 뚜렷하다. 머리에 작은 점무늬가 있고 겹눈은 약간 돌출하였다. 수컷은 앞가슴등판에 불규칙한 무늬가 있고 암컷의 앞날개는 짧고 작다. 어른벌레는 6~11월에 볼 수 있다. 한국, 일본에 분포한다.

긴꼬리
긴꼬리과

몸길이 11~16mm. 몸은 연황록색 또는 연황갈색이다. 머리는 가늘고 길며 이마는 길게 돌출한다. 앞가슴은 길고 등면은 다소 넓적하다. 앞날개는 꼬리끝보다 길고 수컷의 등면은 앞면이 발음부이다. 뒷날개는 꼬리 모양이고 다리는 길며 뒷종아리 마디에 가시가 3개 있다. 한국, 일본에 분포한다. 산림해충.

애벌레는 쑥, 칡, 싸리나무 등의 줄기에서 산다. 이름은 뒷날개의 끝이 길게 빠져나와 있어 꼬리처럼 보이는 데서 유래한다.

꼽등이
꼽등이과

몸길이 45mm 정도. 습기가 많은 동굴이나 땅 속에서 서식한다. 몸은 연갈색이고 가슴과 배에 황갈색 무늬가 있다. 더듬이는 매우 길고 가늘다. 뒷다리 허벅마디의 가장자리에 갈색 가시가 있으며 산란관은 긴 활처럼 휘어 있다. 날개는 없다. 어른벌레는 연중 볼 수 있다. 한국, 일본, 타이완에 분포한다.

약충과 어른벌레는 부식질이나 동물의 썩은 사체 등을 먹고 살며 암컷은 부식질의 표면 바로 아래에 산란한다.

ⓒ허필욱

매미의 사체를 뜯어먹는 꼽등이

우리 나라의 가정 집 안에서 귀뚤귀뚤… 우는 것은 귀뚜라미가 아니라 대부분이 꼽등이다.

땅강아지는 땅을 파기 쉽게 앞발과 턱이 굵고 단단하다.

땅강아지

땅강아지과 땅개, 땅개비

아하! 애벌레와 어른벌레가 흙 속에서 이동하며 식물의 뿌리를 갉아먹고 땅을 들뜨게 하여 고사시킨다. 밤에는 묘목 줄기와 새 순을 잘라 먹는다. 지렁이를 잡아먹기도 한다.

몸길이 30~35mm. 습기가 많은 땅 속에서 서식한다. 몸은 황갈색이고 온몸에 융털이 있으며 앞다리는 두껍고 넓적하다. 앞날개는 작고 뒷날개는 크며 날개맥에 발음돌기가 10여 개 있다. 어른벌레는 5~10월에 볼 수 있다. 한국, 일본, 타이완, 아프리카, 오스트레일리아, 뉴질랜드 등에 분포한다. 산림해충.

각시메뚜기
메뚜기과

땅메뚜기, 일본등줄메뚜기, 흙메뚜기

몸길이 38~50mm. 몸은 적갈색이나 개체변이가 심하여 노란색이나 흰색을 띠는 것도 있다. 머리, 가슴, 날개의 가운데에 굵은 흰색 세로줄 무늬가 있다. 앞날개는 뒷무릎보다 길고 검은색 무늬가 드문드문 있다. 어른벌레는 9~10월에 발견된다. 한국, 중국, 일본에 분포한다. 산림해충.

♂♀! 경작지와 풀밭의 벼과식물을 먹으며 어른벌레로 월동한다.

짝짓기

끝검은메뚜기
메뚜기과

몸길이 30~45mm. 더듬이는 적갈색이며 몸은 수컷이 노란색이고 암컷은 황갈색이다. 앞날개는 황갈색으로 경맥부에 노란색 세로 띠가 있으며 검은색 점이 퍼져 있다. 수컷의 앞날개 끝과 뒷다리의 무릎 부위는 검은색이다. 어른벌레는 7~8월에 발견된다. 한국, 중국, 일본, 러시아에 분포한다.

♂♀! 이름은 수컷의 앞날개 끝과 뒷다리의 무릎 부위가 검은색인 데서 유래한다.

등검은메뚜기
메뚜기과

몸길이 31~40mm. 다소 습하고 잡초가 난 빈터나 풀밭에서 서식한다. 몸은 적갈색이고 점 무늬가 흩어져 있다. 앞가슴등판은 짙은 갈색을 띠고 좌우로 가는 황색 테두리가 있다. 앞날개는 황갈색이고 흑갈색 무늬가 드문드문 있다. 어른벌레는 8~10월에 발견된다. 한국, 중국, 일본, 러시아에 분포한다.

아하! 경작지와 풀밭에서 콩과식물을 주로 먹으며 알로 겨울을 난다.

긴날개밑들이메뚜기
메뚜기과

몸길이 26~39mm. 몸은 녹색을 띤 갈색이고 가는 털로 덮인다. 머리 가운데에 세로홈이 있다. 앞가슴등판은 가로홈 3개가 뚜렷하며 수컷은 가운데에 가느다란 검은색 세로줄이 있다. 앞날개는 가는 편이고 뒷무릎보다 길며 끝부분은 둥그렇다. 한국, 일본, 러시아에 분포한다.

짝짓기

짝짓기

밑들이메뚜기
메뚜기과

> **아하!** 배의 끝부분(밑, 엉덩이)이 위로 들려 있다고 해서 밑들이라는 이름이 붙었다.

몸길이 18~23mm. 산지의 숲 속에 있는 작은 나무나 키가 큰 풀잎에서 서식한다. 몸은 녹색이며 앞가슴 양쪽에 굵은 검은색 줄무늬가 있다. 앞날개는 긴 타원형이고 그 끝은 어두운 색이다. 날개가 거의 퇴화되었기 때문에 잘 뛰지만 날지는 못한다. 어른벌레는 8월에 발견된다. 한국, 일본에 분포한다.

재미있는 곤충이야기

멀리뛰기 선수 메뚜기, 높이뛰기 선수 벼룩

곤충은 몸의 크기나 무게를 생각하면, 모든 동물 중에서 가장 우수한 육상 선수라고 할 수 있다. 메뚜기는 한번에 75cm나 멀리 뛸 수 있는데 이것은 메뚜기 몸길이의 15배 이상 되는 거리이다. 벼룩은 한번에 30cm 이상 높이 뛸 수 있다고 한다. 이것은 벼룩의 키의 200배가 넘는 높이이다. 메뚜기의 몸길이와 벼룩의 키, 사람의 키를 비율로 생각하면 사람은 20m 이상 멀리 뛰어야 하고 340m 이상 높이 뛰어야한다.

메뚜기 몸의 생김새

- 더듬이
- 앞다리
- 겹눈
- 가운뎃다리
- 뒷다리
- 날개
- 머리
- 가슴
- 배

짝짓기

벼메뚜기
메뚜기과

몸길이 27~37mm. 논이나 경작지 근처의 풀밭에서 서식한다. 몸은 황록색이고 머리와 가슴은 황갈색이다. 겹눈은 달걀 모양이고 광택이 있는 회갈색이다. 앞가슴등판에 가로홈이 3개 있고 양쪽에 갈색 세로줄이 있다. 날개는 황갈색이고 배끝보다 길다. 한국, 중국, 일본, 타이완에 분포한다. 산림해충.

아하! 이름은 주로 벼농사를 짓는 논에서 살며 벼잎을 갉아먹는 등 벼에 해를 끼치는 데서 유래한다.

팔공산밑들이메뚜기
메뚜기과

몸길이 18~27mm. 낮은 산지나 풀밭에서 서식한다. 몸은 녹색이고 더듬이는 노란색이며 전체적으로 미세한 솜털이 많다. 겹눈은 흰색이고 윗부분은 검은빛이 난다. 앞가슴등판의 양쪽에 굵은 검은색 줄무늬가 있다. 날개는 퇴화되어 적갈색 흔적만 남아 있다. 한국, 중국, 일본에 분포한다.

짝짓기

방아깨비
메뚜기과

몸길이 54~89mm. 산과 들판, 경작지의 풀밭에서 서식한다. 몸은 길고 녹색 또는 회갈색이며 수컷이 훨씬 작다. 더듬이는 넓적하고 칼 모양이며, 머리는 길고 앞쪽으로 돌출한다. 날개는 배보다 길고 앞날개의 끝은 뾰족하다. 어른벌레는 7~10월에 발견된다. 한국, 중국, 일본, 타이완에 분포한다.

아하! 긴 뒷다리를 손으로 잡고 있으면 물레방앗간에서 방아를 찧는 것처럼 꺼떡거리므로 이런 이름이 지어졌다.

참어리삽사리
메뚜기과

몸길이 30~37mm. 높은 산의 풀밭에서 서식한다. 몸은 다갈색이며 등면은 둥그렇고 옆가장자리에 접하는 부분만 점각이 퍼진다. 앞날개는 황갈색이고 가운데에 검은색 무늬가 있다. 뒷다리는 황갈색이고 안쪽에 검은색 띠가 3개 있으며 종아리마디는 연홍색이다. 어른벌레는 7~8월에 볼 수 있다. 한국, 중국에 분포한다.

아하! 수컷의 앞날개를 뒷다리 종아리마디에 비비면 여치류와 비슷한 시끄러운 소리가 나는데, 이 소리로 암컷을 부른다.

섬나라메뚜기
메뚜기과 삽사리

몸길이 20~24mm. 산지의 덤불이나 풀밭에서 서식한다. 몸은 수컷이 옅은 황갈색이고 암컷은 회갈색을 띤다. 암컷의 날개는 퇴화되어 비늘 조각 모양의 흔적만 남아 있다. 뒷다리에 작은 돌기들이 있고 수컷은 뒷다리를 비벼서 소리를 낸다. 어른벌레는 6~8월에 발견된다. 한국, 중국, 일본에 분포한다.

아하! 애벌레와 어른벌레의 먹이는 주로 벼과 식물이다.

콩중이
메뚜기과

몸길이 40~57mm. 들판의숲 가장자리와 냇가의 풀밭에서 서식한다. 몸은 진녹색 또는 흑갈색이다. 앞가슴은 길고 어깨는 높으며 앞가장자리의 가운데는 돌출한다. 앞날개의 볼기부는 짙은 녹색이고 회색띠가 2개 있으며 뒷날개에는 흑갈색 띠가 있다. 어른벌레는 8~9월에 볼 수 있다. 한국, 일본, 타이완, 중국에 분포한다.

아하! 주된 먹이는 콩과식물이다. 암컷은 9월경에 땅 속에 알을 낳아 놓고 죽게 된다.

팥중이
메뚜기과

몸길이 32~45mm. 몸은 갈색이고 녹색 반점이 흩어져 있다. 앞날개는 길고 암갈색이며 작은 담색 점무늬와 회황색 큰 무늬가 있다. 뒷날개에는 흑갈색 띠가 있고 밑은 옅은 노란색이다. 뒷허벅마디는 검은색 띠가 3개 있다. 어른벌레는 7~10월에 발견된다. 한국, 중국, 일본에 분포한다.

나무 위에서 똥을 싸는 풀무치

풀무치
메뚜기과　황충(蝗蟲)

벼과식물을 주된 먹이로 하며 펄벅의 소설 《대지》에 나오는 메뚜기 떼는 이 풀무치를 말하는 것이다.

몸길이 48~65mm. 산지의 잡초가 우거진 곳에서 서식한다. 몸은 대개 녹색이지만 흑갈색인 경우도 있으며, 날개에는 무늬가 많다. 앞가슴등판에 좁다란 세로융기선이 있다. 앞날개는 가늘고 길며 갈색 바탕에 불규칙한 무늬가 있다. 뒷날개는 노란색으로 투명하다. 어른벌레는 7~11월에 볼 수 있다. 전세계에 분포한다. 산림해충.

가시모메뚜기

모메뚜기과

몸길이 19~27mm. 들판의 풀밭과 습지에서 서식한다. 몸은 회갈색이고 더듬이는 겹눈 사이에 있다. 앞가슴의 옆에 뒤를 향한 가시가 있으며 앞가슴등은 넓적하고 작은 돌기가 있다. 앞날개는 길며 산란관은 가늘고 길다. 어른벌레는 9~10월에 나타난다. 한국, 일본, 타이완에 분포한다.

© 허필욱

주로 벼과식물과 콩과식물을 먹으며, 급하면 물로 뛰어들어 곧잘 헤엄을 친다.

섬서구메뚜기
섬서구메뚜기과

몸길이 28~42mm. 논과 밭, 들의 풀밭에서 서식한다. 몸은 작고 옅은 녹색이며 암컷이 수컷보다 훨씬 크다. 더듬이는 칼 모양이고 머리는 원추형이다. 등 쪽은 넓적하고 가운데에 가는 세로홈이 있다. 앞날개는 길고 끝이 뾰족하며 뒷날개는 반 정도가 노란색이다. 한국, 중국, 일본, 타이완에 분포한다. 산림해충.

여러 가지 풀잎이나 꽃잎을 먹는데, 벼나 보리 같은 농작물도 갉아 먹어 해를 끼친다.

매부리
여치과

몸길이 30mm 정도. 논·밭두렁이나 습한 초원, 하천 둑에서 서식한다. 몸은 녹색 또는 갈색이며 머리 끝은 돌출한다. 앞가슴은 짧고 흑갈색 가는 세로줄이 2개 있다. 앞날개는 짧으며 끝이 둥글다. 수컷의 꼬리에 가늘고 긴 가시가 2개 있으며, 암컷의 산란관은 직선 모양으로 길쭉하다. 한국, 일본, 타이완, 중국, 미얀마, 인디아에 분포한다.

아하! 주로 벼과 식물을 먹는다. 수컷은 앞날개를 비벼 '찌' 하는 울음소리를 내어서 암컷을 유인하여 짝짓기를 한다.

ⓒ허필욱

날베짱이
여치과

몸길이 25~28mm. 물가나 산길 주변의 풀밭 또는 관목에서 서식한다. 몸은 전체가 녹색이고 날개맥은 흰색이며 바깥테두리는 검은색이다. 수컷의 복부말단 등판은 3엽성이고 앞넓적다리마디가 적색이다. 암컷의 산란관은 끝이 검정색이며 낫 모양이다. 한국, 중국, 일본에 분포한다. 산림해충.

검은다리실베짱이
여치과

몸길이 14~18mm. 낮은 산지에서 서식한다. 몸은 진녹색이며 작은 검은색 점이 흩어져 있다. 더듬이는 검은색이며 흰색 고리 무늬가 있다. 수컷의 두텁날개 접합부는 갈색이고 마찰기구의 기부 등면은 흑청색이며 산란관은 녹색 또는 가장자리가 연한 갈색을 띤다. 한국, 중국, 일본에 분포한다. 산림해충.

약충

아하! 수컷은 단절적으로 '찌지지지' 하고 낮은 소리로 운다. 잡식성이어서 죽은 곤충의 사체도 먹는다.

실베짱이
여치과

몸길이 29~37mm. 몸은 가늘고 녹색이며 더듬이는 검은색이고 고리 무늬가 많다. 앞가슴은 다소 넓적하고 세로홈이 있다. 산란관은 등쪽으로 구부러졌고 끝은 톱날 모양이다. 앞날개는 짧고 굵은 그물맥이 촘촘하며 뒷날개는 뒷쪽으로 길다. 어른벌레는 8~10월에 발견된다. 한국, 일본, 타이완에 분포한다.

주로 활엽수의 잎과 가지에서 생활하며 그 나무의 잎을 갉아먹고 산다.

ⓒ허필욱

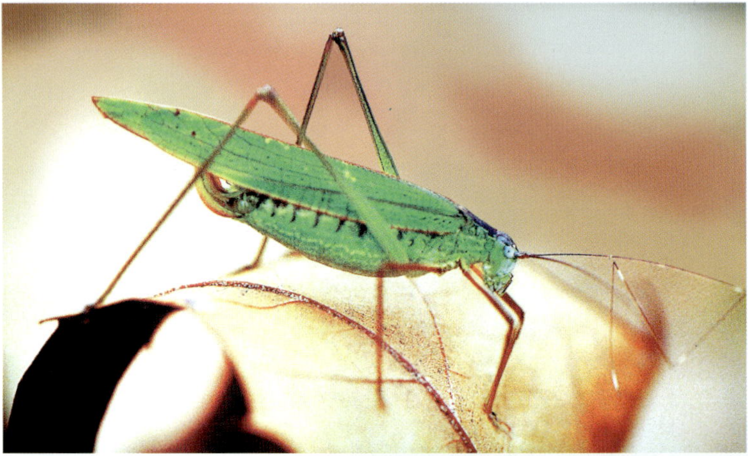

큰실베짱이

여치과

몸길이 50mm 정도. 몸은 황록색이고 더듬이는 흑갈색인데 황백색 무늬가 있다. 앞가슴에 작은 검은색 점이 있고 가운데에 노란색 세로줄이 1개 있다. 앞날개는 가늘고 길며 작은 검은색 점이 흩어져 있다. 산란관은 굵고 넓적하며 위로 구부러졌다. 어른벌레는 9~10월에 발견된다. 한국, 타이완에 분포한다.

아하! 짝짓기 때가 되면 수컷은 날개를 비벼 소리를 내어 암컷을 유인한다.

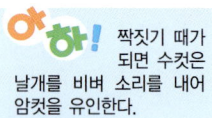

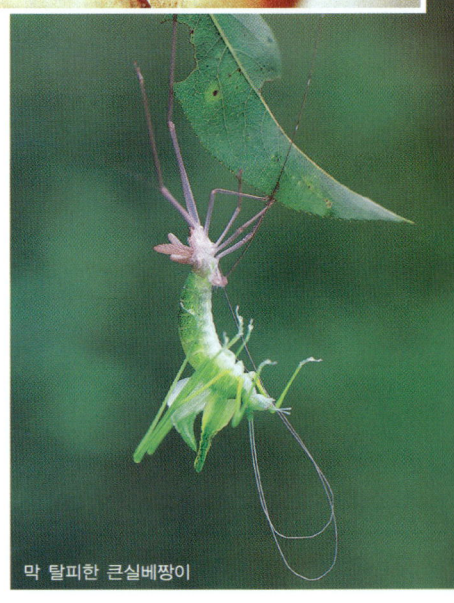

막 탈피한 큰실베짱이

줄베짱이
여치과

몸길이 35~37mm. 몸은 황청색이고 머리꼭대기돌기는 삼각형에 가깝다. 앞가슴은 넓적하고 가운데는 오목한데 암컷은 폭이 넓은 등황색 선이 있고 수컷은 등갈색이다. 산란관은 등 쪽으로 구부러졌고 끝은 톱날 모양이며 뾰족하다. 앞날개는 수컷이 연갈색이고 암컷은 옅은 황색이다. 어른벌레는 8~10월에 발견된다. 한국, 일본, 타이완에 분포한다.

재미있는 곤충이야기

곤충의 다리

곤충의 다리는 걷기 위한 것이지만 나비처럼 날개가 발달하여 주로 날기만 하는 것은 잘 걸을 수가 없다. 잘 날지 못하는 곤충은 빠르게 달리고 오래 걸을 수 있게, 흙 속에 사는 곤충의 다리는 땅을 파기에 알맞게, 물 속에 사는 곤충의 다리는 헤엄치기에 알맞게 발달하였다.

걷는다 길앞잡이는 튼튼하고 긴 다리를 가지고 있다. 앞발을 내밀고 가운뎃다리로 몸을 지탱한 다음 뒷다리로 몸을 민다.

튄다 메뚜기는 뒷다리가 굵고 길어서 튀어오르기에 알맞다. 뒷다리로 땅을 힘차게 차서 높이 뛰어오른다.

헤엄친다 물방개는 다리에 털이 나 있으며 뒷다리가 길다. 헤엄칠 때는 이 털이 펼쳐져 물을 저어나가기에 편리하다.

붙잡는다 사마귀는 다리에 가시가 있어서 먹이를 단단히 잡을 수 있다. 한번 붙잡힌 먹이는 이 가시에 걸려 좀처럼 달아날 수 없다.

파헤친다 땅강아지처럼 땅 속을 파고 들어가 살아가는 곤충은 앞다리가 매우 굵다. 다리의 힘도 세어서 땅굴을 파기에 적당하다.

올라간다 장수풍뎅이처럼 높은 나무에 올라가는 곤충은 미끄러지지 않도록 다리의 발톱이 가시처럼 발달되기 때문에 나무껍질이나 풀잎을 붙잡고 있기에 편리하다.

쌕새기
여치과

몸길이 13~18mm. 산과 들의 숲에서 서식한다. 몸은 길쭉하고 머리와 가슴부의 등쪽에 갈색 줄무늬가 있다. 수컷의 꼬리털은 가느다랗고 원추형이며 암컷의 산란관은 대단히 짧다. 앞날개는 가늘고 옅은 녹색이다. 어른벌레는 6~10월에 발견된다. 한국, 중국, 일본에 분포한다.

> **아하!** 이름은 수컷이 '쌕새기 기- 가-' 하는 소리를 내는 데서 유래되었다.

갈색여치
여치과

몸길이 25mm 정도. 몸은 암갈색 또는 흑갈색이고 앞가슴은 안장 모양이다. 앞날개는 앞가슴보다 길고 황갈색인데 검은색 무늬가 많이 있으며 뒷날개는 퇴화하여 짧다. 다리는 가늘고 길며 검은색이나 허벅마디 아랫쪽은 노란색이다. 어른벌레는 8~10월에 발견된다. 한국, 러시아에 분포한다.

> **아하!** 수컷은 양쪽 앞날개를 비벼 울음소리를 내어 암컷을 유인하고 짝짓기를 한다.

아하! 주로 작은 곤충을 잡아먹으며 때로는 같은 종족끼리도 잡아먹는다.

여치
여치과

몸길이 33~40mm. 평지의 강변 둑이나 논두렁의 풀숲에서 서식한다. 몸은 황록색 또는 황갈색이다. 머리와 앞가슴 양옆에는 갈색 줄무늬가 있다. 앞가슴의 앞쪽은 안장 모양이고 뒤쪽은 넓적하다. 앞날개는 짧고 검은색 점이 줄지어 있다. 한국, 일본, 중국, 러시아에 분포한다.

우수리여치
여치과

몸길이 17~20mm. 몸은 암갈색 또는 흑갈색이고 앞가슴은 안장 모양이다. 앞날개는 앞가슴보다 길고 황갈색인데 검은색 무늬가 많이 있으며 뒷날개는 퇴화하여 짧다. 다리는 가늘고 길며 검은색이나 허벅마디 아래쪽은 노란색이다. 어른벌레는 8~10월에 발견된다. 한국, 러시아에 분포한다.

수컷은 양쪽 앞날개를 비벼 울음소리를 내어 암컷을 유인하고 짝짓기를 한다.

재미있는 곤충이야기

곤충의 통신 방법

넓은 자연 속에서 작은 곤충이 서로를 찾고 알아보는 것은 매우 힘든 일이다. 곤충의 세계에도 서로의 의사를 알리기 위한 통신 방법이 있다. 사람에게는 단지 곱고 아름다운 빛과 노래 소리지만 이것은 곤충들의 말인 셈이다.

빛으로 이야기하는 반딧불이 개똥벌레라고 알려진 반딧불이는 배에서 나는 빛으로 서로 신호를 한다. 수컷과 암컷이 서로를 부르는 신호로 많이 쓰인다고 하는데, 반딧불이는 1분에 80번 정도 반짝인다. 빛이 세어졌다 약해졌다 하는 리듬은 반딧불이의 종류에 따라 다르다. 또 이렇게 빛을 냄으로써 적을 위협하여 몸을 보호하는 데 도움이 되기도 한다. 반딧불이와 애반디는 알·애벌레·번데기·어른벌레 모두 빛을 낸다.

울음으로 이야기하는 곤충 곤충이 내는 울음소리는 여러 가지 뜻을 나타낸다. 배우자를 찾을 때, 먹이 다툼이나 짝짓기 경쟁으로 싸울 때, 생명의 위협을 당할 때, 기분이 좋을 때 내는 소리가 각각 다르다고 한다. 베짱이, 귀뚜라미, 철써기, 매미, 방울벌레 여치 등이 울음소리를 낸다.

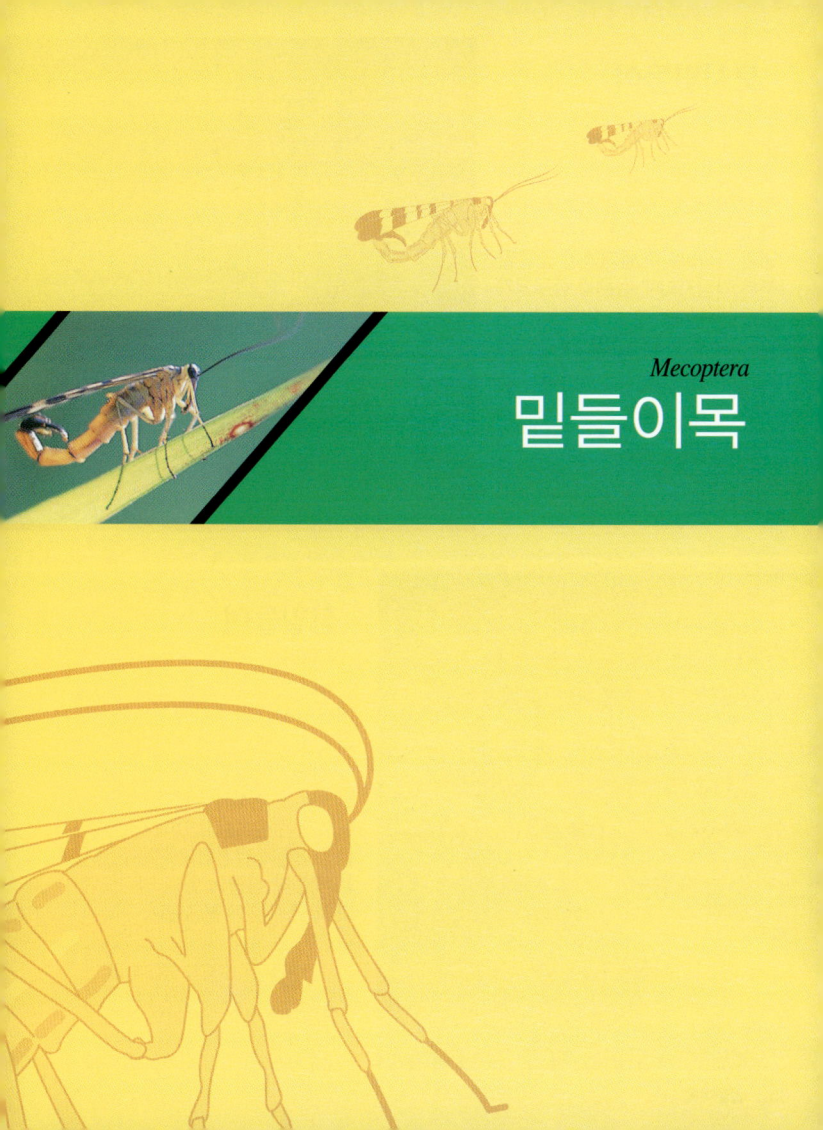

Mecoptera

밑들이목

모시밑들이
밑들이과

몸길이 12mm. 몸은 밝은 황갈색을 띠고 있으며 더듬이는 검은색이다. 배의 끝부분은 갈색을 띠며 위를 향하여 굽어 있다. 날개는 반투명한 가죽질이며 날개맥이 굵고 끝부분 가장자리에 검은색 줄무늬가 있다. 어른벌레는 5~7월에 볼 수 있다. 한국, 일본에 분포한다.

아하! 배의 끝부분이 마치 전갈과 같이 위로 향해 있어서 영어로 'scorpion fly'라고 한다. 애벌레는 다른 곤충류를 잡아먹는다.

참밑들이
밑들이과

몸길이 12~15mm 정도. 그늘진 숲에서 서식한다. 수컷의 몸은 검은색이고 암컷은 노란색이다. 머리 겹눈은 검은색이고 가슴, 배, 다리는 황갈색이다. 수컷의 배끝에 기다랗고 위로 굽은 생식기가 있다. 어른벌레는 5~8월에 발견되며 작은 곤충류를 먹는데 식물의 잎을 먹기도 한다. 한국, 일본에 분포한다.

아하! 수컷의 배끝에 달린 생식기가 위로 굽은 것을 밑이 들렸다고 여긴 데서 이름이 유래하였다.

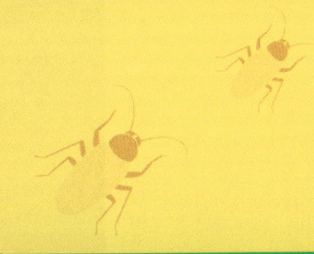

Blattaria
바퀴목

바퀴
바퀴과

몸길이 12mm 정도. 인가와 주변의 초원에서 서식한다. 몸은 갈색을 띠며 납작하다. 앞가슴등판에 흑색 띠 무늬가 1쌍 있다. 앞날개는 가는 날개맥이 많은 그물 모양이다. 전세계에 분포한다. 위생해충.

아하! 암컷은 알집을 부화하기 직전까지 배 끝에 달고 다니다가 집 안의 구석진 곳에 알을 낳는다.

아하! 주로 집 안에서 생활하나, 따뜻한 지역에서는 야외의 나무 껍질 속에서 무리지어 살기도 한다.

집바퀴
왕바퀴과 일본바퀴

몸길이 20~25mm. 집 안 또는 집 주변의 숲에서 서식한다. 몸은 광택이 있는 흑갈색이고, 더듬이는 실 모양이며, 앞가슴등판에는 불규칙한 함몰 부위가 있다. 수컷은 날개가 길고 암컷 날개가 짧아서 배의 반만 덮고 있다. 어른벌레는 6~10월에 나타난다. 한국, 일본, 중국에 분포한다. 위생해충.

Hymenoptera
벌목

가시개미
개미과

몸길이 6~8mm. 산지의 나무 썩은 곳에서 서식한다. 몸은 검은색이고 광택이 있으며 배자루마다 가시 모양 돌기가 1쌍씩 있다. 암컷은 몸이 비대하고 날개는 회갈색이며 배자루는 암갈색이고 나머지는 검은색이다. 수컷은 가시가 없다. 어른벌레는 4~5월에 발견된다. 한국, 중국, 일본에 분포한다.

아하! 이름은 배자루와 가슴에 있는 가시 모양의 돌기에서 유래되었다.

남생무당벌레를 공격하는 가시개미

진딧물과 공생하는 곰개미

곰개미
개미과

좀집게벌레를 공격하는 곰개미

몸길이 5~13mm. 산지의 건조한 풀밭과 집 주변의 공터에서 서식한다. 몸은 흑갈색이고 온몸에 광택이 있는 회갈색 털이 많다. 머리는 알 모양이고 더듬이는 길다. 뒷가슴은 약간 튀어나왔고 날개는 투명하며 다리 끝은 적갈색이다. 어른벌레는 3~10월에 나타난다. 한국, 중국, 일본, 몽골, 러시아에 분포한다.

아하! 식물의 씨를 먹고 모무늬매미충의 애벌레도 잡아먹는다. 여왕개미를 중심으로 일개미가 함께 군체를 이루고 사는 사회성 곤충이다.

일본왕개미
개미과

몸길이 7~17mm. 인가 주변과 산지의 건조한 풀밭에서 서식한다. 일개미의 몸은 검은색이며 다리와 턱 끝은 진한 갈색이고 배 윗면에 황금색의 털이 있다. 병정개미는 가슴과 큰턱이 발달하였다. 여왕개미의 날개는 투명한 갈색이며 날개맥은 진한 갈색이다. 어른벌레는 3~10월에 활동한다. 한국, 중국, 일본, 미얀마, 필리핀에 분포한다.

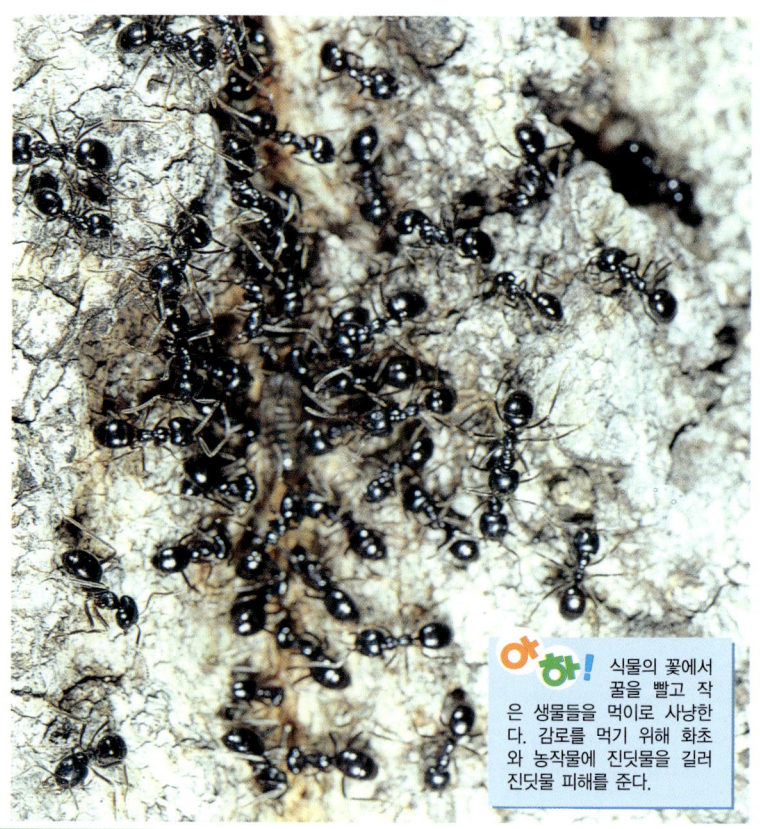

식물의 꽃에서 꿀을 빨고 작은 생물들을 먹이로 사냥한다. 감로를 먹기 위해 화초와 농작물에 진딧물을 길러 진딧물 피해를 준다.

등빨간갈고리벌
갈고리벌과

몸길이 9~11mm. 산지에서 서식한다. 머리는 넓고 검은색이며 더듬이는 옅은 검은색이다. 가슴 윗부분은 빨간색이고, 배는 윤이 나는 검은색이며 노란색 테가 나 있다. 날개는 투명하다. 어른벌레는 6~9월에 나타난다. 한국, 일본, 중국, 미국에 분포한다.

아하! 알은 다른 곤충의 애벌레 몸 속에서 부화하여 기생한다. 암컷의 산란관이 갈고리처럼 굽어 있는 데서 이름이 유래한다.

말총벌
고치벌과

몸길이 15~21mm. 몸은 황적색이고 더듬이는 검은색이며 얼굴에 털이 많다. 날개는 적황색이고 앞날개의 바깥쪽은 넓게 갈색을 띠며 뒷날개의 무늬는 흑갈색이다. 어른벌레는 5~7월에 발견된다. 한국, 중국, 일본에 분포한다.

아하! 하늘소의 애벌레와 번데기를 숙주로 하여 성장하는 기생성 벌이며 어른벌레의 수명은 약 7일이다.

아하! 다른 벌의 애벌레에 알을 낳고, 알은 애벌레 속에서 부화하여 그 육질을 먹고 자라 우화하여 나온다.

곤봉호리벌
곤봉호리벌과

몸길이 14mm 정도. 몸은 검은색을 띠고, 배는 가슴 위쪽에 붙어 있다. 암컷과 수컷의 모양이 다르다. 암컷은 배의 1, 2마디 양쪽이 적갈색을 띤다. 뒷날개는 앞날개에 비해서 폭이 매우 좁고 다리의 끝부분은 적갈색이다. 어른벌레는 7~9월에 볼 수 있다. 한국, 일본에 분포한다.

나나니
구멍벌과

작은 땅굴을 파 집을 짓고 배추밤나방·작은갈모리밤나방·배추흰나비의 애벌레를 사냥하여 먹이로 한다.

몸길이 18~25mm. 산과 들의 땅 속에서 서식한다. 몸은 검고 배는 남색이며, 날개는 투명하고 회갈색이다. 배자루는 실처럼 가늘고 길며 뒷부분은 적갈색이다. 배의 제3마디는 적갈색이다. 수컷의 제1배마디는 적갈색이고 등면에 검은 세로무늬가 있다. 어른벌레는 6~10월에 볼 수 있다. 한국, 중국, 일본에 분포한다.

어리나나니
구멍벌과

몸길이 10~16mm. 몸은 검은색이고 큰턱의 끝반과 날개밑비늘과 종아리마디의 며느리발톱은 갈색을 띤다. 앞날개의 경실은 뒷다리의 발목마디보다 더 길다. 수컷은 암컷보다 약간 작고 배에 황적색 무늬가 없으며 더듬이의 마디도 짧다. 어른벌레는 7~9월에 많이 볼 수 있다. 한국, 일본에 분포한다.

왕나나니
구멍벌과

몸길이 29~35mm. 나무기둥에서 서식한다. 몸은 흑색이고 점각이 드물게 있으며 뒷다리의 넓적다리마디의 기부는 적색이다. 암컷은 미세한 회갈색 털이 빽빽하고 가운데가슴옆판 위에 은백색 털 무늬가 있다. 날개는 투명하고 황갈색이다. 어른벌레는 9월에 볼 수 있다. 한국, 일본, 러시아에 분포한다.

아하! 나무기둥의 구멍에 모래알 또는 나무조각을 모아서 육아실을 만든다. 애벌레의 먹이로는 재주나방과의 애벌레를 먹인다.

호박벌
꿀벌과

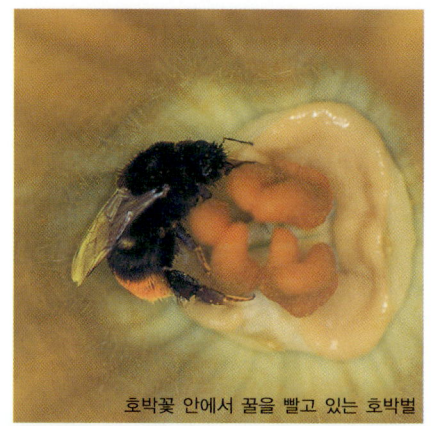

호박꽃 안에서 꿀을 빨고 있는 호박벌

몸길이 20mm 정도. 평지와 산지에 모두 서식한다. 수컷의 몸은 노란색 털로 덮여 있고 가슴과 배에 검은색 털이 띠를 이룬다. 암컷과 일벌의 몸은 흑색 털로 덮이며 제3배마디 이하에는 적갈색 털이 있다. 어른벌레는 4~10월에 나타난다. 한국, 중국, 일본, 러시아에 분포한다.

> **아하!** 해바라기·호박·오이·참깨·팥·자운영·때죽나무·물봉선·고마리·파·오동나무 등의 꽃을 찾는다.

ⓒ허필욱

벌목 363

양봉꿀벌
꿀벌과 꿀벌

몸길이 12mm 정도. 산과 들에서 양봉된다. 날개는 투명하고 노란색이며 발목마디는 황갈색이다. 수컷은 암컷보다 크고 주둥이는 퇴화되었다. 암컷의 배는 흑갈색이고 마디에 회황색 띠가 있다. 여왕벌은 더듬이와 머리방패 가장자리가 암갈색이다. 어른벌레는 3~11월에 볼 수 있다. 전세계에 분포한다. 흡밀 곤충.

아하! 벌집은 나무상자에 만들며 여왕벌은 벌집 중앙부에서 산란한다. 사회성 곤충의 대표종으로서 곤충 가운데 가장 분업화되어 있다.

재미있는 곤충이야기

꿀벌의 사회 생활

꿀벌은 사회 생활을 하는 곤충으로 알려져 있다. 여왕벌 1마리를 중심으로 소수의 수컷과 다수의 일벌들이 모여 사는 것이다. 수컷은 무정란(無精卵)에서 발생하고 일벌은 수정란(受精卵)에서 발생한다. 또 다른 애벌레 방보다 몇 배나 큰 왕대(王臺)에 낳아진 수정란에서 발생한 애벌레는 로열제리로 키워져 여왕벌이 된다. 분봉(分蜂)이 이루어져 묵은 여왕벌이 없게 되면, 새 여왕벌은 결혼비행에 나선다. 이것은 공중에 높이 올라가는 것으로, 모든 수컷이 여왕벌의 뒤를 쫓는다. 이때 가장 높이 오른 수컷과 짝짓기를 한 여왕벌은 수년 동안에 걸쳐 수백 개의 알을 낳는다.

재미있는 곤충이야기

꿀벌의 춤

꿀벌 한 마리가 꿀이 있는 꽃에 다녀가면 얼마 후 많은 꿀벌들이 나타난다. 연구에 의하면 이것은 꽃을 발견하고 돌아온 꿀벌이 춤을 추어 동료들에게 꽃의 위치를 알려 주기 때문이라고 한다.

● 꿀이 있는 곳의 방향과 춤

가까울 때는 원형으로 춤을 춘다.

멀 때는 꼬리를 흔들면서 춤을 춘다.

● 꿀이 있는 곳까지의 거리와 춤

태양과 일직선 일 때

태양과 비슷듬히 있을 때

태양과 비슷듬히 뒤로 있을 때

슈렌키뒤영벌
꿀벌과

몸길이 15~20mm. 암컷의 머리 가운데에 점각이 있다. 머리, 더듬이, 가슴 아래에 노란색 털이 빽빽하게 나 있다. 특히 배 부분에 털이 많아서 야생 식물의 꽃가루 매개에 큰 역할을 한다. 어른벌레로 겨울을 나며 이듬해 새로운 군체를 형성한다. 한국, 중국, 일본에 분포한다.

왕무늬대모벌
대모벌과

몸길이 1.3~5mm. 몸은 검은색이고 배등판의 밑부분에 넓은 황적색 띠가 있다. 다리의 털은 회백색이고 날개는 검은색이다. 암컷의 몸에는 흑갈색 털이 빽빽하고 배등판은 윤이 난다. 수컷의 얼굴은 은백색 털에 덮여 있다. 어른벌레는 6~8월에 볼 수 있다. 한국, 중국, 인디아, 일본, 몽골, 러시아에 분포한다.

거미를 잡아 끌고가는 왕무늬대모벌

어른벌레는 거미를 잡아서 애벌레의 먹이로 삼는다.

아하! 땅에 굴을 파고 여러 층의 집을 짓고 산다. 참나무의 나무진을 먹기 위하여 모이며 간혹 사람을 공격하여 피해를 입히기도 한다.

땅벌
말벌과

몸길이는 12~19mm. 산지에서 서식한다. 몸은 약한 광택이 검은색이며 노란색 무늬가 많다. 배등판 뒤쪽 가장자리에 노란색 띠무늬와 점무늬 2개가 있다. 이마의 노란색 무늬는 나비꼴이고 머리방패 가운데에 검은색 띠가 있다. 한국, 중국, 일본, 타이완, 유럽, 러시아에 분포한다.

땅벌의 집

말벌
말벌과

몸길이 21~29mm. 몸에 황갈색의 긴 털이 많다. 머리는 황갈색이고 정수리에 흑갈색 마름모꼴 무늬가 있으며 더듬이는 적갈색이다. 앞가슴등판과 어깨판, 배등판에 황갈색 띠무늬가 있다. 날개는 황갈색이며 앞쪽이 어둡다. 어른벌레는 6~10월 사이에 많이 볼 수 있다. 한국, 중국, 일본, 타이완, 유럽, 러시아에 분포한다.

아하! 곡식과 식물을 해치는 해충을 잡아먹는 익충이다. 때때로 양봉꿀벌을 잡아먹기도 한다.

말벌의 월동 모습

말벌의 우화

말벌의 집

장수말벌의 집

장수말벌
말벌과

아하! 이름은 우리 나라의 벌 중에서 가장 크고 힘이 세며 벌집이 거대한 것에서 유래한다.

몸길이 27~44mm. 몸은 검은색과 등황색이 섞이고 머리는 황적갈색이다. 가슴은 흑갈색이고 작은방패판에 노란색 무늬가 1쌍 있으며 앞가슴등판에 가는 노란색 선이 있다. 배마디는 황색이고 각 마디에 1개의 흑색 띠가 있다. 어른벌레는 4~9월에 발견된다. 한국, 중국, 일본, 인도, 유럽, 러시아에 분포한다.

뱀허물쌍살벌
말벌과

몸길이 15~22mm. 몸은 황적갈색이고 가운데가슴의 등판은 암색 또는 황적갈색이며 평행한 줄무늬 2개는 황갈색이다. 날개는 황갈색이고 반투명하다. 다리도 황갈색이지만 가운뎃다리와 뒷다리의 발목마디는 암색이다. 어른벌레는 4~9월에 발견된다. 한국, 일본, 미얀마, 타이완, 인도에 분포한다.

> 이름은 벌집이 뱀허물과 비슷한 데서 유래한다.

등검정쌍살벌
말벌과

몸길이 19~23.5mm. 산지의 바위 밑이나 건물의 처마 밑에서 서식한다. 몸은 검은색이고 황갈색 띠무늬가 있으며 턱·머리방패에 노란색 무늬가 있다. 앞가슴등판 앞쪽은 적갈색이고 가슴배마디에 주름이 많다. 날개는 적갈색이고 다리는 황갈색이나 뒷다리 종아리마디는 검은색이다. 한국, 일본, 몽골에 분포한다.

아하! 나비와 나방의 애벌레를 잡아먹는다. 바위 밑에 종 모양의 벌집을 만든다.

어리별쌍살벌
말벌과

몸길이 15~22mm. 암컷의 몸은 검은색이고 더듬이는 흑갈색이며 턱, 뺨, 뒷머리, 얼굴 아래는 적갈색이다. 머리방패는 황갈색이고 염통 모양이며, 가슴에 노란색 무늬가 있다. 날개는 적갈색이고 다리 마디의 옆면에 노란색 무늬가 2개 있다. 어른벌레는 4~9월에 발견된다. 한국, 중국, 일본에 분포한다.

애벌레

검등긴꼬리뾰족맵시벌
맵시벌과

몸길이 7~20mm. 몸은 검은색이고 더듬이, 날개의 기부 아래, 작은방패판은 검은색이고 무늬는 노란색이다. 뒷가슴 등면 기부에 그물 모양의 가로줄이 1개 있다. 날개는 암황색이고 배마디의 뒤쪽은 적갈색이다. 어른벌레는 8~10월에 발견된다. 한국, 중국, 일본에 분포한다.

흰무늬맵시벌
맵시벌과

몸길이 22mm 정도. 암컷의 몸은 검은색이고 배는 윤이 나는 남자색이다. 작은방패판과 배마디에 백황색 긴 무늬가 있다. 다리는 흑갈색이고 가운뎃다리와 뒷다리의 종아리마디의 기부는 황갈색이다. 어른벌레는 10월에 많이 볼 수 있다. 한국, 유럽, 러시아에 분포한다.

밑들이벌
밑들이벌과

몸길이 11mm 정도. 몸은 대개 검은색이지만 점각이 촘촘히 있고 암컷의 앞가슴등판과 배와 뒷다리에 노란색 작은 무늬가 있다. 더듬이는 검은색이고 날개는 담갈색이며 발마디는 적갈색이다. 배등판 가운데에 세로홈이 있다. 어른벌레는 6~8월에 나타난다. 한국, 일본에 분포한다.

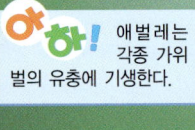 애벌레는 각종 가위벌의 유충에 기생한다.

배벌
배벌과

아하! 풍뎅이의 애벌레(굼벵이)에 알을 낳고 기생한다.

몸길이 19~33mm. 몸은 검은색이고 등판 양 옆의 긴 털은 황갈색이다. 배마디등판에 흰색 띠무늬가 있고 배 끝에 검은색 털이 있다. 날개는 엷은 갈색이다. 암컷은 뒷머리와 가슴등판에 황갈색 털이, 수컷은 가슴에 연한 황갈색 털이 밀생한다. 어른벌레는 5~6월에 나타난다. 한국, 일본, 중국에 분포한다.

재미있는 곤충이야기

육식 곤충

대부분의 곤충들은 식물의 꽃에서 꿀을 빨거나 나무의 진액을 빨아먹고 살아간다. 또 동물의 배설물에서 영양분을 흡수하기도 한다. 애벌레도 대부분은 식물의 잎을 갉아먹거나 속살을 파먹고 자란다. 그러나 잠자리 무리와 사마귀·노린재·딱정벌레·벌의 무리 중 일부는 다른 곤충을 잡아먹는다. 이런 곤충을 육식 곤충이라고 한다. 나비 애벌레 중에도 육식을 하는 것들이 있다.

곤충의 육식은 대개 다른 곤충을 잡아먹는 것이지만 같은 종끼리 서로 잡아먹기도 한다. 물장군은 송사리 같은 작은 물고기를 잡아먹고, 송장벌레는 죽은 곤충이나 동물의 시체를 먹어치우며, 큰 사마귀는 작은 도마뱀이나 쥐 또는 작은새를 공격하기도 한다. 잠자리 애벌레는 올챙이를 잡아먹기도 한다. 또 동물의 피를 빨아먹는 모기와 파리 같은 흡혈 곤충도 육식 곤충에 포함되며, 다른 곤충의 몸 속에 기생하는 곤충도 육식 곤충이라고 한다.

애배벌
배벌과

몸길이 20~22mm. 몸은 검은색이고 배마디의 등면과 배면 뒷가두리에 노란색 띠가 있다. 암컷의 몸털은 황금색이며, 수컷의 몸털은 황갈색이다. 앞날개에 2개의 역주맥이 있다. 어른벌레는 5~8월에 볼 수 있다. 한국, 일본, 중국, 타이완에 분포한다.

> **아하!** 애벌레는 콩풍뎅이의 애벌레에 기생한다.

얼룩송곳벌
송곳벌과

몸길이는 25mm 정도. 몸은 검은색이다. 암컷의 꼬리는 황갈색이고 배에도 황갈색 부분이 약간 있다. 머리의 앞부분에 황색 털이 밀생한다. 날개는 투명하고 노란색을 띤다. 수컷은 앞다리와 가운뎃다리 종아리 마디 아래로 갈색이다. 어른벌레는 10월에 볼 수 있다. 한국, 일본, 타이완, 러시아, 유럽에 분포한다.

> 암컷과 수컷의 모양이 다른 암수이형이다. 어른벌레는 벚나무·느티나무·오리나무·호두나무 등의 줄기 속에 기생한다.

극동등에잎벌
등에잎벌과

몸길이 9mm 정도. 몸은 광택이 나는 감청색이며 매끈한 모습이다. 더듬이는 검은색이고 더듬이 사이에 Y자 무늬가 뚜렷하다. 날개는 반투명하고 날개맥과 날개무늬는 흑갈색이다. 어른벌레는 4~9월에 볼 수 있다. 한국, 중국, 일본, 타이완에 분포한다. 산림해충.

> 애벌레는 철쭉류의 잎 뒷면에서 무리를 지어 생활한다. 심하면 잎 전체를 갉아먹어 나무를 고사시키기도 한다.

노랑수중다리잎벌
수중다리잎벌과

몸길이는 20mm 정도. 암컷은 머리와 가슴에 암회색의 긴 털이 있으며 머리는 윤이 나는 노란색이다. 얼굴과 가슴은 검은색이지만, 앞가슴등판·가운뎃가슴옆판·작은방패판은 황갈색이다. 다리와 날개는 노란색이고 날개 무늬는 검은색이다. 어른벌레는 4~5월에 나타난다. 한국, 일본, 러시아, 중국에 분포한다.

버들수중다리잎벌
수중다리잎벌과

몸길이 20mm 정도. 암컷의 몸은 검은색이고 머리와 가슴에 긴 털이 있으며 배 아래쪽의 대부분은 황백색이다. 날개는 투명하고 노란색이며 바깥가장자리는 암색이다. 수컷의 배 등판은 검은색이고 배에 회백색 털이 있다. 어른벌레는 5월에 볼 수 있으나 드물다. 한국, 일본, 소아시아, 유럽에 분포한다.

아하! 애벌레는 버드나무 등의 잎을 갉아먹고 자란다.

린네잎벌
잎벌과 배잎벌

몸길이 12~14mm. 암컷의 몸은 황록색이고 더듬이, 정수리, 가운데가슴등판, 배, 다리의 무늬는 검은색이다. 배에 초록색 무늬가 넓게 퍼져 있다. 날개는 투명하고 날개맥은 검은색이다. 한국, 중국, 일본, 러시아, 유럽에 분포한다.

왜잎벌
잎벌과

몸길이 17mm 정도. 머리는 검은색이고 굵은 점각이 성기게 있다. 앞가슴과 옆면은 황갈색이고, 작은방패판·뒷가슴·제1배마디는 검은색이다. 배는 황갈색이고 가슴옆판의 연결부는 검은색이다. 날개는 투명하고 회황색이다. 어른벌레는 4~5월에 발견된다. 한국, 일본에 분포한다.

피스케수중다리좀벌
수중다리좀벌과

몸길이 8~13mm. 산지의 양지바른 곳에서 서식한다. 몸은 광택이 있는 검은색이다. 가슴의 양옆에는 노란색 가는 줄무늬가 있다. 배마디는 노란색 무늬로 구분되어 있으며 미세한 털이 촘촘하다. 다리는 갈색이고 뒷다리의 허벅마디는 굵다. 어른벌레는 5~8월에 집단적으로 발견된다. 한국, 일본, 러시아에 분포한다.

끝보라청벌
청벌과

몸길이 5~7mm 정도. 몸은 원통 모양이고 광택이 난다. 머리와 가슴은 자금색이며 큰 점각이 있다. 배의 아랫면은 암록색이고 편평하며 배마디등판에 다소 큰 점각이 있다. 날개는 갈색으로 반투명하며 날개맥은 갈색이다. 다리는 광택이 있는 청록색이다. 한국, 중국, 일본, 터키에 분포한다.

벌목 381

사치호리병벌

호리병벌과

몸길이 20mm 정도. 몸은 검은색이고 암컷의 정수리에 노란색 줄무늬가 있다. 머리방패와 앞가슴등판은 노란색이다. 날개는 황갈색이고 투명하며 앞날개 끝에 갈색 무늬가 있다. 앞다리는 적갈색이고 가운뎃다리와 뒷다리는 검은색이며 갈색 무늬가 있다. 어른벌레는 7~8월에 출현한다. 한국, 일본, 미얀마, 인디아에 분포한다.

애호리병벌
호리병벌과

몸길이 16~19mm. 몸은 검은색이고 머리방패의 팔(八)자 무늬와 앞가슴등판 양옆의 무늬, 어깨판과 작은방패판의 무늬, 뒷가슴등판의 줄무늬는 노란색이다. 암컷의 몸에 점각이 많은데 머리·가슴·배자루마디의 점각은 거칠고 크다. 어른벌레는 5~9월에 볼 수 있다. 한국, 일본, 유럽, 북아프리카에 분포한다.

> **아하!** 나방의 애벌레를 잡아 벌집에 넣고 알에서 깨어난 애벌레의 먹이로 삼는다.

호리병벌의 집

호리병벌
호리병벌과

몸길이 25~30mm. 수컷의 몸은 검은색이고 머리방패, 더듬이, 겹눈의 무늬는 진황색이다. 다리는 흑갈색이고 넓적다리마디 끝은 적갈색이다. 날개는 갈색이고 광택이 있다. 머리·가슴·배자루에 점각이 촘촘하고 몸의 등쪽에 갈색 털이 있다. 어른벌레는 6~10월에 걸쳐 많이 나타난다. 한국, 일본, 중국, 타이완에 분포한다.

아하! 이름은 벌집을 호리병 모양으로 만드는 데서 유래한다.

Mantodea

사마귀목

왕사마귀
사마귀과

몸길이 70~95mm. 몸은 녹색 또는 갈색이고 배는 앞가슴보다 길며 수컷의 버금생식판 끝은 삼각형이다. 앞날개는 막질이고 꼬리 끝의 뒤쪽이 좁아졌다. 뒷날개 안가장자리는 암갈색이고 불규칙한 흑갈색 무늬가 있다. 어른벌레는 8~10월에 발견된다. 한국, 중국, 일본에 분포한다.

알집

짝짓기

아하! 어른벌레는 나뭇가지나 풀 위에서 움직이지 않고 먹이를 기다린다. 늦가을에 거품 같은 분비물(알집)에 알을 낳으며, 굳어진 알집 상태로 월동한다.

갓 깨어난 약충

사마귀목 387

사마귀
사마귀과

몸길이 70~82mm. 평지와 저수지 주변의 풀밭에서 서식한다. 몸은 황갈색 또는 녹색이고 암컷이 수컷보다 크다. 어깨의 앞쪽은 넓으며 옆가두리의 치열이 뚜렷하다. 앞날개는 꼬리보다 길고 뒷날개에 불규칙한 무늬가 있다. 다리는 가늘고 길며 가시가 많다. 어른벌레는 9~11월에 출현한다. 한국, 중국, 일본, 베트남에 분포한다.

아하! 주로 작은 곤충을 잡아먹는 포식성이며, 개구리나 같은 작은 동물도 먹는다. 의태가 발달하여 주변 환경에 따라 몸빛깔을 변화시킨다.

재미있는 곤충이야기

신랑을 잡아먹는 신부

사마귀가 짝짓기를 할 때 암컷이 수컷을 잡아먹는 것을 종종 볼 수 있다. 사마귀는 움직이는 다른 곤충을 잡아먹는 포식성이므로 약한 수컷도 움직이면 잡아먹는다. 그러나 짝짓기를 할 때 암컷이 수컷을 잡아먹는 것은 암컷이 몹시 배가 고플 때만 나타나는 특이한 현상이라고 한다. 이때 암컷에게 먹힌 수컷(신랑)은 암컷(신부)이 알을 낳기 위한 양분이 된다.

잠자리목

Odonata

잠자리 몸의 생김새

머리 / 가슴 / 배

더듬이, 홑눈, 겹눈, 입, 앞날개, 앞다리, 뒷날개, 가운뎃다리, 뒷다리

물잠자리
물잠자리과

몸길이 50mm 정도. 야산의 계곡, 물풀이 많은 강변에서 서식한다. 몸은 청록색이고 금속 광택이 난다. 수컷의 날개는 청록색이고 보랏빛 광택이 나며, 암컷의 날개는 검은빛을 띤 갈색이고 구리 광택이 나며 유백색 무늬가 있다. 어른벌레는 대개 5~7월에 발견된다. 한국, 중국, 일본, 러시아에 분포한다.

아하! 암컷의 날개 끝에 있는 무늬는 햇빛에 의해 선명한 흰색으로 빛나는데, 수컷에게는 짝짓기할 암컷을 구별하는 표시로 이용된다.

쇠측범잠자리
부채장수잠자리과

몸길이 30~33mm. 산지 계곡 주변에서 서식한다. 몸은 검은색이고 뒷머리와 이마 위는 노란색이다. 어깨판 부근에는 노란색 무늬가 있고 가슴 옆면은 노란색 바탕에 검은색 줄무늬가 2개 있다. 날개는 투명하고 날개맥은 흑갈색이며 노란색 무늬가 2개 있다. 어른벌레는 5~8월에 볼 수 있다. 한국, 중국에 분포한다.

짝짓기

아하! 애벌레는 평지나 구릉지의 계류 및 하천 등 부식질이 많이 쌓인 곳에서 산다.

어리부채장수잠자리
부채장수잠자리과

몸길이 60mm 정도. 강변의 늪지, 야산의 연못 등에서 서식한다. 온몸이 대개 검은색으로 보이는데 이마와 입술 사이는 황백색이다. 가슴 가운데와 어깨판의 끝에 각각 노란색 줄이 있다. 날개는 투명하고 등 쪽은 검은색이며 안쪽은 흰색이다. 어른벌레는 6~7월에 발견된다. 한국, 중국, 타이완에 분포한다.

아하! 배의 제7~제9 마디에 있는 교미부속기가 부채처럼 넓게 부풀어올라 있는 데서 이름이 유래한다.

노랑북방잠자리
북방잠자리과 밀노란잠자리

몸길이 50~55mm. 머리는 금속 광택이 나는 청록색이고 담황색 털이 빽빽하며 가슴 가운데와 옆면은 금록색이다. 수컷의 배는 흑청색이며 양옆에 노란색 삼각형 무늬가 있다. 날개는 투명하고 담황색이며 가장자리 무늬는 흑갈색이다. 어른벌레는 6~9월에 발견된다. 한국, 중국, 러시아에 분포한다.

방울실잠자리
방울실잠자리과

몸길이 35mm 정도. 저수지나 늪, 강가에서 서식한다. 머리, 이마는 검은색이고 이마와 입술 사이는 황백색이다. 가슴의 앞면은 검은색이고 가운데와 어깨판의 끝에 각각 노란색 줄이 있다. 날개는 투명하고 등 쪽은 검은색이며 안쪽은 흰색이다. 어른벌레는 6~9월에 발견된다. 한국, 중국, 러시아에 분포한다.

> 이름은 수컷의 가운뎃다리와 뒷다리 종아리마디가 넓적하고 긴 타원형의 흰색 방울 모양인 데서 유래한다.

등줄실잠자리
실잠자리과

배길이 22~29mm. 물풀이 많은 연못이나 저수지에서 서식한다. 몸은 수컷이 붉은색과 푸른색이 섞여 있고 암컷은 갈색과 녹색이 섞여 있다. 배는 황갈색이고 등 쪽에 검은색 세로줄이 있다. 날개는 투명하고 날개맥과 가장자리무늬는 연갈색이다. 어른벌레는 5~9월에 발견된다. 한국, 중국, 일본에 분포한다.

짝짓기

북방실잠자리
실잠자리과

배길이 24~29mm. 평지의 습지대에서 서식한다. 몸은 담청색이고 배 마디 사이에 좁은 검은색 띠무늬가 있다. 눈 뒤의 무늬는 둥그렇고 가슴에는 검은색 무늬가 있다. 암컷의 배와 등은 넓고 검은색이다. 수컷의 꼬리부속기 모양이 특이하다. 한국, 중국, 일본, 러시아에 분포한다.

아시아실잠자리
실잠자리과

몸길이 20~25mm. 연못이나 습지, 논에서 서식한다. 수컷의 몸은 청록색이며 앞가슴 등면에 청록색 줄무늬가 2개 있다. 옆가슴에는 검은색 줄무늬가 있고 배마디 등면에 검은색 무늬가 있다. 암컷은 몸 전체가 녹색을 띠는 녹색형과 색상에 별 차이가 없는 황등색형이 있다. 어른벌레는 4~10월에 볼 수 있다. 한국, 중국, 일본에 분포한다.

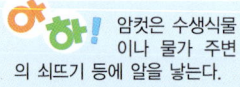
암컷은 수생식물이나 물가 주변의 쇠뜨기 등에 알을 낳는다.

짝짓기

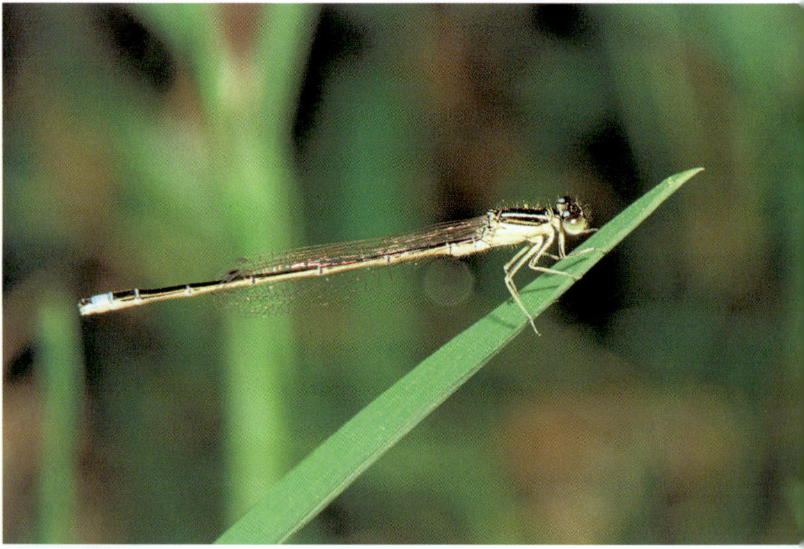

묵은실잠자리
청실잠자리과

몸길이 27mm 정도. 몸은 연한 갈색 바탕에 진한 반점이 있다. 머리는 청동색이고 가슴에 청동색 띠가 있다. 날개는 투명하고 담갈색이며 앞뒷날개를 접으면 날개무늬가 겹치지 않고 앞뒤로 놓이게 된다. 어른벌레는 4~11월에 볼 수 있다. 한국, 일본, 중국, 중앙아시아, 유럽에 분포한다.

> 어른벌레로 겨울나기를 하므로 '한해를 묵는다'는 뜻에서 이름이 유래되었다.

꼬마측범잠자리
왕잠자리과 긴무늬왕잠자리

몸길이 45~48mm. 몸은 청록색이고 앞가슴과 배마디 등면에 굵은 검은색 줄무늬가 뚜렷하다. 날개는 투명한 막질로 맥은 앞가두리만 노란색이고 그 외는 흑갈색이다. 어른벌레는 6월 중순부터 관찰된다. 애벌레는 방죽 또는 늪지의 부들, 갈대 등 정수식물이 무성한 곳에서 주로 산다. 한국, 중국, 일본 등지에 분포한다.

> 미성숙 개체의 경우 풀밭에 앉으면 몸의 색깔이 풀색과 비슷하여 눈에 잘 띄지 않는다.

왕잠자리
왕잠자리과

몸길이 50~55mm. 뒷날개의 길이가 50~55mm로 대형의 잠자리이다. 암컷의 몸은 황록색이고 수컷의 배에 남색 무늬가 뚜렷하다. 날개는 투명하고 갈색이며 날개맥은 갈색이다. 다리의 넓적다리마디는 갈색이고 종아리마디 이하는 검은색이다. 어른벌레는 4~10월에 볼 수 있다. 한국, 중국, 일본, 타이완에 분포한다.

> **아하!** 애벌레는 비교적 넓은 수면이 있는 연못이나 강가의 물이 괸 곳에서 살며, 물벼룩·송사리·올챙이·실지렁이 등을 잡아먹는다.

1 짝짓기
2 애벌레
3~8 우화 과정

잠자리목 399

고추잠자리
잠자리과

몸길이 35mm 정도. 낮은 지역의 연못이나 구릉지의 늪 등에서 서식한다. 갓 우화한 어른벌레는 가슴이 노란색이고 배는 주황색인데, 가을이 되면 수컷은 배가 빨간색으로 물들고 암컷은 희미한 오렌지색으로 변한다. 어른벌레는 6~11월에 발견된다. 한국, 중국, 일본, 타이완, 인도에 분포한다.

고추좀잠자리
잠자리과

배길이 20~26mm. 낮은 지역의 못이나 늪에서 서식한다. 갓 우화된 어른벌레는 가슴이 노란색이고 배는 주황색이며, 가을이 되면 가슴은 갈색으로 변하는데 수컷은 배 전체가 적색, 암컷은 배의 위쪽만 적색이 된다. 어른벌레는 6~10월에 발견된다. 한국, 일본, 러시아, 유럽에 분포한다.

몸과 색깔이 비슷한 하늘나리 꽃에서 사냥감인 꽃등에를 기다리는 고추좀잠자리

깃동잠자리
잠자리과

몸길이 35mm 정도. 계곡 사이의 구릉지나 연못 부근에서 서식한다. 몸은 주황색이고 배마디 양쪽에는 검은색 무늬가 굵게 나 있으며 가슴 옆면에는 굵고 검은 줄무늬가 3개 굵게 있다. 다 자라면 수컷은 몸 전체가 적갈색이 된다. 어른벌레는 7~10월에 발견된다. 한국, 중국, 일본에 분포한다.

재미있는 곤충이야기

멸종 위기 곤충

최근 도시화·산업화에 따른 환경 악화에 의해 지구상에서 사라져 가는 곤충 종들이 늘어가고 있다. 우리나라에서도 이들에 대한 보호 대책의 일환으로 정부 차원에서 관계법령을 제정하는 등 조치를 취하고 있다.

2005년 개정된 야생동·식물보호법 제2조 제2항에 의해 지정된 멸종위기 야생동·식물 I급은 자연적 또는 인위적 위협 요인으로 개체수가 현저하게 감소되어 멸종위기에 처한 야생동·식물이다.

멸종위기 야생동·식물 I급 곤충은 장수하늘소, 두점박이사슴벌레, 수염풍뎅이, 상제나비, 산굴뚝나비 등 5종이다.

자연적 또는 인위적 위협요인으로 개체수가 현저하게 감소되고 있어 현재의 위협 요인이 제거되거나 완화되지 않을 경우 가까운 장래에 멸종위기에 처할 우려가 있는 야생동·식물로서 관계 중앙행정기관의 장과 협의하여 환경부령이 정하는 종을 멸종위기 야생동·식물 II급(야생동·식물보호법 2조 2항)으로 정하여 보호하고 있다

멸종위기야생동·식물 II급 곤충은 꼬마잠자리, 고려집게벌레, 닻무늬길앞잡이, 물장군, 주홍길앞잡이, 멋조롱박딱정벌레, 소똥구리, 비단벌레, 울도하늘소, 큰자색호랑꽃무지, 깊은산부전나비, 쌍꼬리부전나비, 애기뿔소똥구리, 왕은점표범나비, 붉은점모시나비 등 15종이다.

꼬마잠자리

잠자리과

몸길이 11~13mm. 습원이나 늪가에서 서식한다. 수컷은 몸이 오렌지색이고 배마디에 미색 줄무늬가 있으며 자랄수록 몸 전체가 붉은색이 된다. 암컷은 배에 미색 줄무늬와 검은색 가로줄 무늬가 있다. 어른벌레는 6~8월에 발견된다. 한국, 일본, 중국, 타이완에 분포한다. II급 멸종위기 야생동물.

> **아하!** 우리 나라에 서식하고 있는 잠자리 중 몸의 크기가 가장 작기 때문에 꼬마잠자리로 이름이 지어졌다.

짝짓기

아하! 뒷날개가 나비의 날개처럼 폭이 넓고 검은색이어서 나비잠자리라고 부른다.

나비잠자리

잠자리과

몸길이 33mm 정도. 늪이나 하천 주변에서 서식한다. 머리는 검은색이고 가슴과 배는 광채가 있는 검은색이며 배는 가늘고 짧다. 날개는 검은색이고 앞날개 앞끝의 1/4과 뒷날개 앞끝은 투명하다. 뒷날개는 폭이 넓고 날개맥은 갈색이다. 어른벌레는 6~9월에 발견된다. 한국, 일본, 중국에 분포한다.

날개띠좀잠자리
잠자리과

몸길이 33mm 정도. 머리와 가슴은 등색이고 배는 붉은색이며 암컷에는 작은 검은색 무늬가 있다. 날개는 투명하고 끝부분에 넓은 갈색 띠가 있으며, 날개맥은 황갈색이고 가장자리 무늬는 붉은색 또는 노란색이다. 어른벌레는 8~12월에 발견된다. 한국, 중국, 유럽, 일본, 러시아에 분포한다.

아하! 날개 끝부분에 넓은 갈색 띠가 있어서 이름이 유래되었다.

노란잠자리
잠자리과

몸길이 35mm 정도. 낮은 산지나 경작지 주변에서 서식한다. 몸은 등황색이다. 날개는 투명하고 가장자리는 등색이며 날개맥은 등갈색이다. 날개의 앞가장자리는 검은색 깃동이 달린다. 어른벌레는 대개 6~10월에 발견된다. 한국, 중국, 일본에 분포한다.

노란허리잠자리
잠자리과

몸길이 40mm 정도. 연못 등에서 서식한다. 얼굴은 검은색이고 이마는 노란색이다. 가슴은 흑갈색이고 옆면에 노란색 줄이 2개 있다. 수컷은 제3, 4배마디가 노란색을 띠다가 흰색으로 변한다. 날개는 투명하고 뒷날개에 검은색 무늬가 있다. 어른벌레는 7~9월에 발견된다. 한국, 중국, 일본, 타이완에 분포한다.

> 수컷의 제3, 4배 마디가 노란색을 띠고 있어서 이름이 유래되었다.

큰밀잠자리
잠자리과

몸길이 35~38mm. 뒷머리와 이마혹은 검은색이다. 배는 회남색이고 흰 가루가 덮였다. 날개는 투명하고 날개맥은 흑갈색이다. 수컷의 뒷날개 밑에 흑갈색 무늬가 있다. 암컷의 몸 양옆에 굵은 검은색 줄 무늬가 있다. 어른벌레는 5월~10월에 볼 수 있다. 한국, 일본, 타이완, 중국에 분포한다.

> 어른벌레는 무리를 이루지 않고 단독 생활을 한다. 애벌레는 평지의 늪이나 둑·농수로 등지에서 서식한다.

짝짓기

ⓒ 허필욱

밀잠자리
잠자리과

몸길이 50mm 정도. 물풀이 많은 연못, 습지, 논에서 서식한다. 가슴과 배는 수컷이 흰 가루에 덮여 있고 암컷은 노란색이며, 배에 검은색과 유백색 줄무늬가 있다. 날개는 투명하고 날개맥과 가장자리 무늬는 흑갈색이다. 어른벌레는 4~9월에 발견된다. 한국, 중국, 일본, 타이완에 분포한다.

다른 잠자리를 잡아먹고 있는 밀잠자리

재미있는 곤충이야기

곤충의 특징

① 머리·가슴·배의 세 부분으로 되어 있다.
② 머리에는 더듬이와 겹눈이 2개씩 있다.
③ 가슴에는 날개 4장과 다리 6개가 있다.
④ 배에는 마디가 있고 마디마다 기문(氣門;숨구멍)이 있다.

머리 메뚜기나 여치 등 풀을 먹고 사는 곤충은 머리 모양이 마치 소나 말처럼 긴 네모꼴이다. 그리고 다른 동물을 잡아먹는 잠자리 등은 머리 모양이 고양이나 여우 모양이다.

가슴 가슴은 앞가슴, 가운데가슴, 뒷가슴으로 나뉘며 여기에 날개 2쌍과 다리 3쌍(6개)이 붙어 있다. 날개는 곤충에 따라 모양이 각각 다르다. 나비와 나방의 날개에는 비늘이 많이 붙어 있다. 풍뎅이·하늘소·사슴벌레 등의 등에 있는 단단한 덮개는 가슴 가운데에 붙어 있는 앞날개가 변한 것으로, 딱지날개라고 한다.

배 배는 대개 원통 모양이지만 곤충에 따라 조금씩 다른 기관을 가지고 있다. 벌은 꼬리마디 끝에 산란관이 변한 아주 날카로운 침이 있고, 반디는 발광기가 있으며, 매미는 발음기관을 가지고 있다.

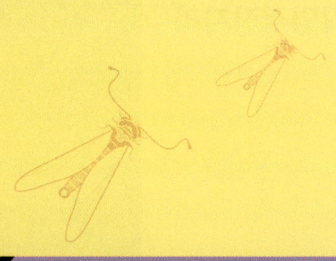

풀잠자리목

Neuroptera

알락명주잠자리
명주잠자리과

몸길이 3.5~3.7mm. 낮은 산지의 계곡에서 서식한다. 가슴부는 검은 희색에 붉은 빛을 띤 황색의 얼룩이 있다.

대륙뱀잠자리
뱀잠자리과

몸길이 40~50mm. 하천이나 물가 근처에서 서식한다. 몸은 전체적으로 갈색을 띠고 가슴과 배는 연한 갈색을 띤다. 머리는 전체적으로 갈색이며 큰턱은 머리 앞쪽으로 돌출되어 있다. 투명한 앞날개는 몸에 비해 매우 크다. 어른벌레는 5~9월에 발견된다. 한국, 중국, 일본, 타이완에 분포한다.

뱀잠자리
뱀잠자리과

몸길이 40~50mm. 낮은 산지의 계곡에서 서식한다. 몸은 노란색 또는 황갈색이고 머리는 편평하고 더듬이는 채찍 모양이다. 앞가슴 양쪽에 흑갈색 줄무늬가 있다. 배는 가늘고 길며 유연하다. 날개는 막질이고 날개맥은 가로맥이다. 어른벌레는 5~8월에 발견된다. 한국, 중국, 일본, 타이완에 분포한다.

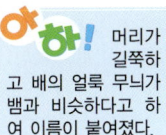
머리가 길쭉하고 배의 얼룩 무늬가 뱀과 비슷하다고 하여 이름이 붙여졌다.

노랑뿔잠자리
뿔잠자리과

몸길이 25mm. 낮은 산지에서 서식한다. 몸은 전체가 검은색 털로 덮여 있다. 날개는 투명하며 노란색을 띤다. 더듬이는 길고 검은색이며 끝부분은 심장 모양이다. 머리와 가슴·다리는 검은색이며 진황색 무늬가 있다. 어른벌레는 4~6월에 볼 수 있다. 한국, 중국, 일본에 분포한다.

> **아하!** 애벌레는 지면의 나뭇가지나 나뭇잎 등에 숨어 있다가 지나가는 작은 곤충을 잡아먹는다. 애벌레 상태로 겨울나기를 한다.

짝짓기

풀잠자리
풀잠자리과

들이나 낮은 산의 잡초, 건물의 유리창에서 서식한다. 대개 밝은 초록색이나 황록색이며 크기와 모양이 다양하고 연약한 편이다. 머리는 옆으로 퍼져 있고 날개는 막질로 투명하며 날개맥은 그물 모양이다. 다른 동물의 체액을 빨아먹고 사는 육식성 곤충인데, 애기풀잠자리·풀잠자리 등은 진딧물·깍지벌레 등을 잡아먹는 농업의 익충이다.

> **아하!** 길고 가느다란 자루 끝에 달린 풀잠자리의 알은 불교에서 '우담바라'라고 하여 신성하게 여긴다.

풀잠자리목 413

애사마귀붙이
사마귀붙이과

몸길이 24mm 정도. 낮은 산지에서 서식한다. 몸은 노란색이고 검은색 무늬가 있다. 앞가슴은 검은색으로 길고 배마디 가장자리에 검은색 테무늬가 있다. 날개는 투명한 가죽질이고 날개맥은 검은색이다. 앞다리는 갈고리 모양이다. 어른벌레는 7~8월에 발견된다. 한국, 일본에 분포한다.

아하! 애벌레는 거미류의 알주머니에서 알을 꺼내 먹는다.

약대벌레
약대벌레과

몸길이 10mm 정도. 소나무숲 등 상록수가 많은 곳에서 서식한다. 몸은 검은색이고 머리는 작으며 앞가슴이 길쭉하여 목처럼 보인다. 날개는 투명하고 다리는 노란색을 띤다. 암컷은 가늘고 긴 산란관이 배 끝에서 튀어나와 있다. 어른벌레는 봄부터 가을까지 볼 수 있다. 한국, 일본에 분포한다.

아하! 앞가슴을 쳐들고 배부분을 구부려 기어가는 모습이 낙타와 비슷해서 이런 이름이 지어졌다. 약대는 낙타의 다른 이름이다. 애벌레는 소나무의 수피 속에 살고 작은 곤충을 잡아먹는다.

ⓒ허필욱

Dermaptera

집게벌레목

고마로브집게벌레
집게벌레과

몸길이 15~22mm. 몸은 흑갈색이고 더듬이, 앞가슴등의 양옆, 종아리마디와 발목마디는 황갈색이다. 앞날개는 적갈색이고 뒷날개를 펼치면 아름다운 무늬가 보인다. 수컷의 집게는 끝이 활처럼 구부러졌고 가운데에 이가 1개 있으며 암컷은 집게에 이가 없다. 한국, 중국에 분포한다.

> **아하!** 어른벌레는 진딧물 등의 작은 곤충을 잡아먹는다. 암컷은 나뭇잎 2장으로 방을 만들고 그 속에 알을 낳는다.

못뽑이집게벌레
집게벌레과

몸길이 20~36mm 정도. 몸은 진갈색이고 머리와 집게는 적갈색이며 다리는 노란색이다. 머리와 더듬이는 편평하며 배는 가운데가 가장 넓다. 수컷의 집게는 못뽑이 도구 모양이고 암컷의 집게는 끝으로 갈수록 가늘어진다. 어른벌레는 봄부터 가을까지 볼 수 있다. 한국, 중국, 일본, 러시아에 분포한다.

> **아하!** 수컷의 집게가 못을 뽑는 도구인 장도리의 날 모양처럼 생겼기 때문에 이런 이름이 지어졌다.

ⓒ허필욱

Diptera
파리목

장수각다귀
각다귀과

몸길이 24mm~34mm. 산과 들의 풀밭에서 서식한다. 몸은 갈색이고 머리는 회갈색이며 더듬이는 암갈색이다. 앞가슴등판의 양옆과 가운데에 회백색 줄무늬가 2개 있다. 날개는 투명한 회색이며 흑갈색 무늬가 뚜렷하다. 다리는 황갈색이다. 어른벌레는 5~10월에 볼 수 있다. 한국, 일본에 분포한다.

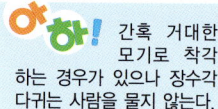 간혹 거대한 모기로 착각하는 경우가 있으나 장수각다귀는 사람을 물지 않는다.

ⓒ 허필욱

재미있는 곤충이야기

곤충의 입

살아가기에 편리한 입 곤충의 입 모양은 곤충의 식성에 따라 발달되었다. 나비는 꿀이나 수액을 빨기에 편리하도록 기다란 입을 가졌고, 파리는 핥기에 좋은 입, 풍뎅이와 메뚜기는 갉아내거나 물어끊기에 적당한 입, 잠자리는 벌레를 씹어먹기에 편리한 입을 가지고 있다.

① 식물을 먹는 곤충은 풀 등을 물어뜯는 데 알맞은 큰 턱이 있다.
② 동물을 먹는 곤충은 동물의 살을 물어뜯고 잘라내기 쉽도록 강하고 예리한 턱이 발 발달되어 있다.
③ 파리나 꽃등에는 핥기에 편리한 입을 가지고 있다. 이 입은 입술이 변한 것이다.
④ 나무의 진액이나 사체의 체액을 빨아먹는 곤충은 긴 빨대를 가진다.
⑤ 사슴벌레는 작은 턱이 변한 솔 모양의 입으로 즙을 끌어모아 빨아먹는다.
⑥ 바구미는 가늘고 긴 입으로 단단한 나뭇가지나 열매에 구멍을 뚫는다.

  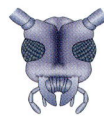
길앞잡이   집파리   하늘소

짝짓기

> **아하!** 파리와 모습이 비슷하지만, 어른벌레가 꽃에서 꿀과 꽃가루를 먹기 때문에 생태가 다르다.

꼽추등에
꼽추등에과

몸길이 10~12mm. 낮은 산지나 풀밭에서 서식한다. 몸은 광택이 있는 흑록색이고 머리는 공 모양이다. 어깨판은 조개껍질 모양이고 반투명하다. 날개는 투명한 연노란색이고 날개맥은 적색이다. 다리는 노란색이고 넓적다리마디는 검은색이다. 어른벌레는 5~7월에 볼 수 있다. 한국, 일본, 러시아에 분포한다.

짝짓기

아하! 꽃등에는 벌과 모습이 비슷하고 벌처럼 꿀과 꽃가루를 주로 먹지만, 파리의 일종이다.

꼬마꽃등에
꽃등에과
애기꽃등에

몸길이 8~9mm. 몸은 가늘고 검은색이며, 더듬이는 담황색이다. 가슴등판은 윤이 나는 검은색이고 작은방패판은 노란색이다. 날개는 비교적 짧고 끝이 굽어 있으며, 배는 가늘고 길다. 어른벌레는 4~10월에 발견된다. 한국, 일본, 중국, 러시아, 유럽, 아프리카, 북아메리카에 분포한다.

꽃등에
꽃등에과

몸길이 14~15mm. 몸은 크고 흑갈색이며 겹눈이 크다. 가슴등판은 암색 비늘 가루로 덮여 있고, 진회색 세로줄과 가로띠 무늬가 있다. 배는 황적색이고 각 마디에 검은색 띠가 있으며 등면 가운데에 검은색 무늬가 있다. 어른벌레는 4~10월에 볼 수 있다. 전세계적으로 분포한다.

아하! 어른벌레는 꽃에 날아들지만 애벌레가 서식하는 오물에도 모여들기 때문에 전염병을 매개하는 경우가 있다. 애벌레를 꼬리구더기라고도 부른다.

노랑줄꽃등에
꽃등에과

생태는 잘 알려지지 않는다.

수중다리꽃등에
꽃등에과

몸길이 12~14mm. 낮은 산지와 들판에서 서식한다. 몸은 흑갈색이고 머리에 황갈색 털이 많으며 배의 각 마디에 노란색 띠무늬가 1개씩 있다. 다리는 검은색이고 앞다리와 가운뎃다리의 무릎 이하는 옅은 황적색이며 넓적다리마디는 강모가 많다. 어른벌레는 4~10월에 발견된다. 한국, 일본, 중국에 분포한다.

> **아하!** 애벌레가 물 속에서 살고, 어른벌레의 뒷다리 대퇴부가 부풀어 있어서 이런 이름이 붙었다.

재미있는 곤충이야기

자기 몸을 지키는 지혜 ②

같은 곤충끼리도 강한 것이 약한 것은 잡아먹는 자연 속에서 곤충은 살아남기 위해 슬기를 발휘한다. 몸을 지키는 방법에는 재빠르게 달아나거나 스스로 강한 무기를 갖는 것 외에도 독이나 고약한 냄새를 가진 다른 곤충을 흉내내는 것도 있다.

무기를 갖춘다 사슴벌레는 커다랗고 강한 턱으로 적을 물리치고 사마귀는 날카로운 가시가 달린 앞발로 적을 위협하여 스스로를 지킨다.

죽은 척 한다 적을 감당할 만한 특별한 무기가 없는 무당벌레나 잎벌레는 강한 적이 공격하면 갑자기 죽은 척하며 풀잎에서 땅으로 떨어져 버린다. 공격이 멈추면 잠시 후 다시 일어나 풀잎에 오른다.

독을 가진 곤충을 흉내낸다 등에는 파리의 일종이지만 벌과 매우 닮아 있다. 예리한 침과 독을 가진 벌을 흉내내어 자신을 지키는 것이다.

고약한 냄새를 뿜는다 먼지벌레는 혐오감을 주는 거품을 만들고, 노린재는 역한 냄새를 풍겨 적이 가까이 오지 못하게 한다.

달아난다 길앞잡이는 적이 다가오면 먼지를 일으키며 재빠르게 달아난다. 대벌레는 적이 몸을 건드리면 죽은 듯이 굳어져 땅에 떨어져버리고 다리를 잡아당기면 스스로 다리를 끊고 달아난다. 끊어진 다리는 다시 자라 원상대로 회복된다.

호리꽃등에
꽃등에과

몸길이 8~11mm. 몸은 노란색이며 가늘다. 머리는 길쭉하며 이마는 황회색 가루로 덮였다. 가슴등판은 길고 광택이 많으며 작은방패판은 적황색이다. 날개는 검고 다리는 노란색이다. 배는 노란빛이고 검은색 띠무늬가 있다. 어른벌레는 5~10월에 출현한다. 한국, 일본, 중국, 타이완, 유럽, 북아메리카에 분포한다.

아하! 어른벌레는 꽃에서 꿀을 빨아먹기도 하지만 주로 진딧물을 잡아먹는다.

갈로이스등에
등에과

몸길이 19~20mm. 더듬이는 붉은색이고 이마에 회색 줄무늬가 있다. 가운뎃가슴등판은 회색이고 세로줄 무늬가 4개 있다. 날개는 투명하고 날개맥은 갈색이다. 배는 흑갈색이고 다리는 붉은색이며 검은색 털이 나 있다. 어른벌레는 5~8월에 발견된다. 한국, 일본, 중국에 분포한다.

왕소등에
등에과

등에류 중에서 몸집이 매우 크고, 또 소의 등에서 서식하므로 이런 이름이 붙었다.

몸길이 21~26mm. 소나 말의 등에 붙어 산다. 몸은 흑갈색이고 머리에 회갈색 가루와 황금색 털이 나 있다. 가슴 등면은 흑갈색이고 황금색 세로줄이 2개 있다. 날개의 기부와 가장자리는 노란색이다. 다리는 흑갈색이고 수컷은 전체가 황적색인 것이 많다. 한국, 일본, 중국, 러시아에 분포한다.

짝짓기

아하! 몸에 난 연노란색 털이 빌로드(벨벳) 천과 비슷하게 보이므로 이런 이름이 붙여졌다.

빌로드재니등에
재니등에과 벨벳재니등에

몸길이 7~11mm. 낮은 산지에서 서식한다. 몸은 검은색이며, 연노란색 털이 밀생한다. 더듬이는 가늘고 길며 검은색이다. 배는 뭉툭하며 꼬리 끝과 옆 가장자리의 가운데에 검은색 털이 있다. 날개는 검은색이며 그 뒷가장자리는 물결 무늬를 이룬다. 어른벌레는 4~10월에 볼 수 있다. 한국, 일본, 유럽, 미국에 분포한다.

똥보기생파리
기생파리과

> **아하!** 어른벌레는 노린재류의 몸 속에 알을 낳으며, 애벌레는 노린재류의 몸 속에서 체액을 먹고 자란다.

몸길이가 5~7mm. 산지나 풀밭에서 서식한다. 배는 둥글고 등면은 오렌지색이며 검은색 점무늬가 4개 있다. 이마에는 황갈색 띠무늬가 있고 가슴등판에 검은색 줄무늬가 4줄 있으며 배의 등판에 삼각형 검은색 무늬가 있다. 날개의 기부는 연노랑색이고 다리는 검은색이다. 어른벌레는 4~9월에 발견된다.

재미있는 곤충이야기

다른 곤충에 기생하는 곤충

기생벌은 다른 곤충이나 거미에 기생하는 벌로 종류가 매우 많다. 흔히 보는 것으로 맵시벌·좀벌·고치벌류가 있다. 맵시벌·자루맵시벌류는 대형인 것이 많고, 어미벌은 산란관이 길며, 기주(寄主) 1마리에 알 1개를 낳는다. 좀벌·고치벌류는 몸길이가 1mm인 것이 대부분인 소형이다. 고치벌류는 번데기가 될 때 기주의 몸에 구멍을 뚫고 밖으로 기어나와 작은 고치를 만든다. 기생벌은 해충을 기주로 하는 것이 많고 여러 가지 해충을 퇴치하기 때문에 천적(天敵)으로 이용된다. 현재 공해로 문제가 되고 있는 농약을 대신하여 점차 실용화되어 가고 있다.

기생당한 풀흰나비 애벌레

표주박기생파리
기생파리과

생태는 잘 알려지지 않는다.

꼭지파리
꼭지파리과

몸길이 7mm 정도. 산지에서 서식한다. 몸은 검은색이고 금속 광택을 띤다. 더듬이는 가늘고 길며 황적색이다. 수컷 앞다리의 넓적다리마디와 종아리마디에 돌기와 센털이 있다. 날개의 끝부분에 검은색 점무늬가 있다. 어른벌레는 6~10월에 볼 수 있다. 한국, 일본, 중국, 러시아, 인디아, 필리핀, 스리랑카에 분포한다.

짝짓기

아하! 애벌레와 어른벌레 모두 죽은 풀과 나무가 썩어 있는 더미 주변에서 발견된다.

똥파리
똥파리과

몸길이 19mm 정도. 숲이 우거진 산지에서 서식한다. 몸은 노란색이고 다리와 배는 노란색 털로 덮여 있다. 겹눈은 갈색이며 이마는 오렌지색이고 더듬이는 짧다. 가슴등판 가운데의 센털과 날개가두리 센털은 검고 길게 뻗어 있다. 날개는 투명하고 날개맥은 황갈색이다. 이른 봄과 초가을에 많이 볼 수 있다.

오하! 애벌레는 돼지·소 등의 가축 똥이나 퇴비에서 발생하고, 어른벌레는 작은 곤충도 잡아먹는다.

짝짓기

벌붙이파리
벌붙이파리과

몸길이 14~15mm. 몸은 흑갈색이고 앞이마에 노란색 무늬가 1쌍 있다. 더듬이는 가늘고 길며 황적색이다. 주둥이는 적갈색이고 가슴등판과 작은방패판은 적갈색이다. 날개는 앞부분이 연한 갈색이고 다리는 적갈색이다. 어른벌레는 4~8월에 볼 수 있다. 한국, 일본 등지에 분포한다.

> 어른벌레는 비행하면서 다른 곤충의 몸에 알을 낳는다. 애벌레는 주로 벌목·파리목·메뚜기목 등의 곤충의 몸에서 기생한다.

별벌붙이파리
벌붙이파리과

몸은 흑갈색이고 앞머리는 심하게 오목하고 수컷은 얼굴에 검은색 무늬가 있다. 더듬이는 가늘고 길며 갈색이다. 가슴등판의 가장자리와 작은방패판, 가슴의 옆구리와 배판은 적갈색이다. 날개에 삼각형 흑갈색 무늬가 있다. 다리는 황갈색이고 넓적다리마디 기부는 굵다. 배는 적갈색이다.

검정볼귀쉬파리
쉬파리과

이마는 검정색이고 목덜미에 황백색 털이 있다. 가슴등판은 회색과 황금빛 가루로 덮이고 가운데에 검은 줄이 3개 있다. 날개는 막질이고 뒷면에 털이 3개 난다. 앞다리의 넓적다리마디 아래쪽은 회색 가루가 덮였다. 배는 검정과 회색 가루가 섞여 바둑판 무늬를 이룬다. 한국, 중국, 일본, 러시아에 분포한다.

재미있는 곤충이야기

상처를 치료하는 곤충

쉬파리의 애벌레(구더기)는 동물의 사체나 배설물이 모인 곳에 살고 썩은 물질을 먹는다는 이유로 더러운 곤충으로 여겨진다.

그런데 전쟁터에서 치료를 받지 못한 부상병들의 상처가 특별한 이유없이 낫고 병세가 호전되었다. 자세히 살펴보니 구더기들이 병사들의 썩어가는 상처를 먹고 있었다. 과학자들은 이 구더기들의 배설물에서 상처를 치료하는 항생물질을 발견하였다.

이후 쉬파리 애벌레의 배설물에서 발견된 항생물질은 약으로 개발되어 병의 치료에 유용하게 쓰이게 되었다.

큰날개파리
큰날개파리과

생태는 잘 알려지지 않는다.

붉은배털파리
털파리과

몸길이 10~11mm. 낮은 산지에서 서식한다. 날개는 진한 갈색이고 뒤쪽은 연한 색이다. 다리의 넓적다리마디의 기부는 가늘고, 종아리마디는 굵다. 수컷은 몸이 광택이 나는 검은색이며, 암컷은 배와 가슴 위쪽이 적갈색이며 점무늬가 1쌍 있다. 어른벌레는 4~5월에 발견된다. 한국, 중국, 일본에 분포한다.

아하! 애벌레는 부패한 식물이나 짐승의 배설물, 벼과 식물의 뿌리를 먹고 산다.

짝짓기

짝짓기

광대파리매
파리매과

몸길이 17~20mm. 몸은 검은색이고 얼굴은 노란색 가루로 덮였다. 가슴등면은 2개의 세로줄과 가로홈 및 옆가장자리는 백색 가루로, 어깨는 황백색 가루로 덮였다. 날개의 끝과 뒷가장자리는 흐리고 다리는 검은색이며 배의 각 마디 뒷가장자리는 회색 가루로 덮였다. 한국, 일본, 러시아에 분포한다.

재미있는 곤충이야기

무서운 사냥꾼 파리매

식물의 꽃에서 꿀을 빨거나 나무의 진액을 빨아먹지 않고 다른 곤충을 잡아먹는 육식 곤충은 사냥꾼이다. 육식 곤충으로는 잠자리 무리와 사마귀 무리, 노린재무리, 딱정벌레 무리, 그리고 말벌류 등이 있다.

매처럼 날쌔게 날아 작은 곤충을 낚아채 잡아먹는다고 하여 이름이 지어진 파리매는 곤충 세계에서 무서운 사냥꾼이다.

파리매는 곤충을 사냥하는 강력한 무기를 갖추고 있다. 강한 가슴 근육으로 힘차게 날 수 있는 뛰어난 비행술을 가지고 있고, 길고 튼튼한 다리로 작은 곤충들을 재빠르고 날쌔게 잡아챌 수 있으며, 날카로운침으로 사냥감의 몸에 쉽게 찔러 넣어 체액을 빨아먹을 수 있다.

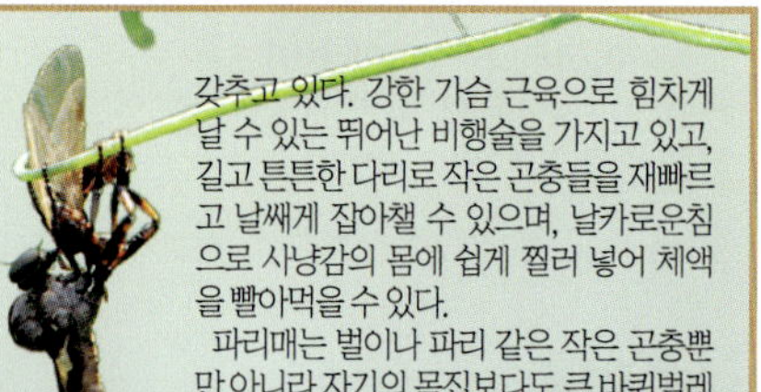

파리매는 벌이나 파리 같은 작은 곤충뿐만 아니라 자기의 몸집보다도 큰 바퀴벌레나 나비 등도 사냥하여 잡아먹는다. 또 딱딱하고 두꺼운 등껍질을 가진 풍뎅이나 무당벌레, 사슴벌레 등을 잡아먹기도 한다.

뒤영벌파리매
파리매과

몸길이 21mm 정도. 몸은 검은색이고, 더듬이는 가늘고 길다. 가슴등면은 검은색 털로 덮여 있다. 배는 굵고 검은색 털과 적색 털로 반반씩 덮여 있다. 날개는 연황색이며 날개맥은 흑갈색을 띤다. 다리는 굵고 긴 털이 촘촘히 나 있다. 어른벌레는 5~10월에 볼 수 있다. 한국, 중국, 일본, 타이완에 분포한다.

왕파리매
파리매과

몸길이 20~28mm. 몸은 황갈색이고 겹눈 사이는 황갈색 가루로 덮였으며 옆 가장자리에 연노랑색의 짧은 털이 있다. 더듬이는 황적색이고 날개는 연한 황갈색이며, 다리는 검은색이고 종아리마디는 노란색이다. 어른벌레는 7~8월에 발견된다. 한국, 중국, 인도, 일본, 타이완에 분포한다.

풍뎅이를 사냥한 왕파리매

짝짓기

홍다리파리매
파리매과

주로 낮에 활동하며 거미 등 절지동물을 먹고 사는 포식성 곤충이다.

몸길이 20~22mm. 낮은 산지와 풀밭에서 서식한다. 몸은 흑갈색이고 머리는 검은색이며 노란색 비늘조각으로 덮여 있다. 가슴과 배는 흑갈색을 띠고 날개는 투명한 막질이며 다리는 적색을 띤다. 암컷의 산란관 끝마디는 뚜렷하다. 어른벌레는 4~6월에 발견된다. 한국, 타이완에 분포한다.

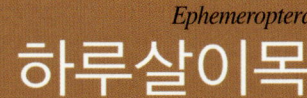

하루살이목
Ephemeroptera

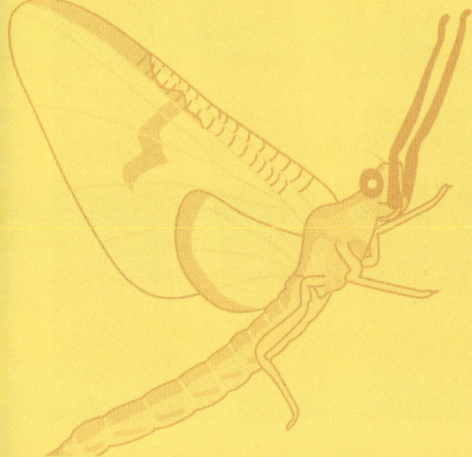

네점하루살이
납작하루살이과 꼬리하루살이

몸길이 20~22mm. 애벌레는 몸이 납작하여 흐르는 물 속의 바위에 붙어 산다. 불빛에 몰려드는 성질이 있는 하루살이 가운데서 가장 먼저 관찰된다. 암·수 모두 갈색 무늬가 있고 날개맥의 무늬도 비교적 뚜렷한 편이다. 암수는 겹눈의 모양으로, 어른벌레는 날개의 빛깔로 구분할 수 있다.

아하! 애벌레의 머리 앞쪽에 흰 점 4개가 나란히 있어서 붙여진 이름이다.

봄처녀하루살이
납작하루살이과

몸길이 10~15mm. 저수지와 냇가나 하천가에서 서식한다. 몸은 전체적으로 검은색을 띠고 배의 가운데 부분에 흰색 무늬가 있다. 날개는 투명한 가죽질이고 날개맥은 검은색이다. 어른벌레는 4~5월에 볼 수 있으며 낮에 주로 활동하는 주행성이다.

무늬하루살이

하루살이과

몸길이 20~25mm. 넓은 냇가나 하천에서 서식한다. 몸은 전체적으로 황갈색을 띠고 각 배마디 양쪽 가장자리에 한 쌍의 넓은 줄무늬가 있다. 날개는 옅은 갈색이고 앞날개의 가운데에 갈색 띠가 있다. 어른벌레는 4~7월에 볼 수 있다. 한국, 일본, 러시아에 분포한다.

아하! 애벌레는 하천의 중류 지역에서 모래나 흙바닥 또는 낙엽층의 속으로 파고 들어가 생활한다.

ⓒ허필욱

부록

곤충의 분류
곤충 용어 해설
찾아보기

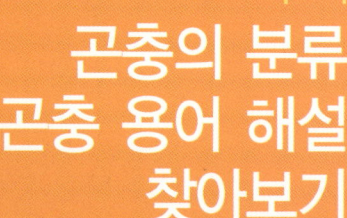

곤충의 분류

※빨간색 숫자는 이 책에 수록된 페이지를 나타냄

곤충

- 톡토기강 ENTOGNATHA
- 곤충강 INSECTA
  - 무시아강(無翅亞綱) 날개가 없는 무리
  - 유시아강(有翅亞綱) 날개가 있는 무리
    - 고시류(古翅類) 날개를 겹쳐서 접을 수 없는 무리
    - 신시류(新翅類) 날개를 겹쳐서 접을 수 있는 무리

곤충은 동물계-절지동물문-곤충강에 속하는 모든 동물을 말한다. 살아 있는 모든 것은 동물과 식물로 나뉜다. 예외도 있지만 대략 살아 있으나 이동할 수 없는 것을 식물(植物), 스스로 움직여 이동할 수 있는 것을 동물(動物)이라고 한다.

곤충은 그 중에서 몸이 마디로 되어 있는 절지동물 무리에 속한다. 곤충이 지구상에 처음 나타난 시기는 약 4억 년 전인 고생대였으며, 처음으로 날개달린 곤충이 나타난 것은 약 3억 5천만 년 전인 석탄기라고 한다.

이후 중생대, 신생대를 거치면서 많은 종이 사라지기도 하며 다양한 진화경로를 거쳐 오늘날에 이르렀다.

지구상에 분포하는 곤충의 종수는 학자들의 견해에 따라 다르지만 일반적으로 300~500만 종은 넘을 것이라 추정되고 있어 전 동물계의 80% 이상을 차지한다고 알려져 있다.

우리 나라는 사계절이 뚜렷하여 각 계절마다 나타나는 곤충들이 다른데, 현재까지 알려진 곤충은 대략 12,000여 종에 이른다. 우리 나라에 분포하고 있는 곤충 무리들은 다른 동·식물들과 마찬가지로 생물 지리학상 구북구계에 속하는 무리들이 많다.

	낫발이목 Protura	
	톡토기목 Collembola	
	좀붙이목 Diplura	
	좀목 Zygentoma	
	돌좀목 Microcoryphia(213)	
	하루살이목 Ephemeroptera(437)	
	잠자리목 Odonata(389)	
외시류 (外翅類) 불완전변태(不完全變態)를 하는 무리	귀뚜라미붙이목 Grylloblattodea	메뚜기 계열
	바퀴목 Blattaria(353)	
	사마귀목 Mantodea(385)	
	흰개미목 Isoptera	
	강도래목 Plecoptera(9)	
	집게벌레목 Dermaptera(415)	
	메뚜기목 Orthoptera(325)	
	대벌레목 Phasmld(209)	
	다듬이벌레목 Psocoptera	노린재 계열
	새털이목 Mallophaga	
	이목 AnoPlura	
	매미목 Homoptera(309)	
	노린재목 Hemiptera(169)	
	총채벌레목 Thysanoptera	
내시류 (內翅類) 완전변태(完全變態)를 하는 무리	풀잠자리목 Neuroptera(409)	뿔잠자리 계열
	딱정벌레목 Coleoptera(215)	딱정벌레 계열
	부채벌레목 Strepsiptera	
	벌목 Hymenoptera(355)	벌 계열
	밑들이목 Mecoptera(351)	밑들이 계열
	벼룩목 Siphonaptera	
	파리목 Diptera(417)	
	날도래목 Trichoptera(165)	
	나비목 Lepidoptera(11)	

용어 해설

ㄱ

가두리 가장자리. 둘레. 연변. 테두리. 날개 따위의 어떤 범위의 가에 돌린 언저리.

가로도랑 횡구. 경판에 가로로 난 도랑.

가로맥 횡맥. 주맥에서 나온 측맥이 평행으로 달리는 맥. 기부의 종맥과 연결된 시맥.

가슴경화판 가슴피부판. 가슴에 있는 딱딱한 판.

가슴판주름 가운데가슴판에 있는 불완전하고 짧은 주름.

가슴피부판 가슴경화판. 가슴에 있는 딱딱한 판.

가운데가슴방패판 가운데방패판과 함께 가운데가슴등판을 이루는 부분.

가운데가슴판 중앙흉판. 곤충의 가슴을 이루는 판들 중 가운데 판.

각질(角質) 뼈대같이 단단한 물질.

간모 성충이 가을에 낳은 수정란이 다음해 봄에 부화한 날개가 없는 무시충.

간실 시맥상방. 시맥과 시맥 사이에 횡맥이 있어서 작은 실(방)을 형성하는데, 중실을 제외한 것.

간주맥 주실과 주실 사이의 가로맥.

감각털 주변의 환경 변화를 감지하는 털.

감로 진딧물이 항문으로 배설한 물질. 수분과 당분이 많다.

강모(剛毛) 센털. 동물의 체표에 난 가늘고 긴 돌기물. 강경한 털. 거센 털. 곤충의 날개 혹은 부속지에 돋아난 빳빳한 털.

건막질(乾膜質) 건질로서 얇고 또 무색의 것.

격막(隔膜) 생물체의 어떤 구조의 내부를 칸막이 하는 막상물.

견모(絹毛) 명주실처럼 유연하고 길지만 표피 가까이 누운 털.

견융부(肩隆部) 어깨돌기. 곤충의 앞가슴 앞쪽 어깨 근처의 돌기물.

겸상모(鎌狀毛) 낫 모양의 털.

겹눈 복안. 하나하나의 낱눈이 모여 이루어진 큰 눈으로, 물체의 모양이나 움직임을 구별함.

경실 경맥과 중앙맥 사이의 방.

경절(脛節) 종아리마디. 곤충의 다리 관절 중 기부에서 두번째 마디.

경조모(硬繰毛) 강직모보다 유연하고 덜 곧은 뾰족한 털.

경첨강모 밑이 뚱뚱하며 표피 가까이 누운 털.

경포 맵시벌과의 전신복절과 앞날개의 작은 방.

계통(系統) 품종 내에서 보여지는 형태적·생태적인 소변이를 기본으로 한 구분. 분류상의 최소 단위.

곤봉절(棍棒節) 곤봉마디. 곤봉 모양으로 된 더듬이의 마디. 다리마디에서 곤봉 모양으로 된 부분.

곧은마디 더듬이의 자루마디와 채찍마디 사이

에 있는 작은 마디.

공생(共生) 활물공생. 살아 있는 기주와 서로 영양의 수수관계로 살아가는 것.

관절(關節) 마디. 어떤 부위가 이어지며 같은 간격으로 볼록볼록 도드라지거나 잘록잘록 들어간 곳.

교미구판(交尾口板) 생식기인접판. 암컷 생식기의 교미구 주변의 경화된 외벽.

교미주머니 암컷 생식기의 팽대부.

구자모(鉤刺毛) 끝이 갈고리 모양의 털.

굳은날개 딱지날개. 시초. 초시. 딱정벌레 무리는 앞날개와 뒷날개가 질이 서로 다르며, 멈추었을 때 앞날개가 배를 덮고 그 밑에 뒷날개를 접어 넣는다. 이 때 딱딱하게 생긴 앞날개.

극모 섬모가 모여 마치 붓끝처럼 된 돌기. 뾰족한 털.

글리마(glymma) 맵시벌의 제1배마디의 옆구리에 있는 도랑.

기맥(基脈) 날개의 기부를 비스듬하게 달리는 맥.

기문(氣門) 숨구멍. 숨문. 외배엽의 함입에 의해 발생한 곤충의 호흡계. 가스 교환을 위해 바깥과 통해 있는 구멍.

기문선(氣門線) 숨구멍 근처에 나타나는 줄 모양 무늬.

기부(基部) 기절. 각 곤충의 부속지나 부속기간의 아래 또는 시작 부분. 분지한 촉각이나 부속지들이 체벽에 붙은 부위.

기생(寄生) 절대활물기생. 활물기생. 살아 있는 기주에서 영양을 섭취하면서 살아가는 것.

기실 경맥 또는 주맥의 중간에 있는 긴 방.

기절(基節) 기부. 각 곤충의 부속지나 부속기간의 아래 또는 시작 부분. 분지한 촉각이나 부속지들이 체벽에 붙은 부위. 기부의 마디.

기주식물(寄主植物) 먹이식물. 곤충이 살아가기 위해 이용하는 식물.

깃꼴 우상. 주축에서 양측으로 같은 크기와 간격으로 편평하게 어떤 구조가 붙거나 갈라져 새의 깃털 모양을 한 것.

끝편 진딧물 복부 9마디가 변형되어 길게 돌출된 혀모양의 돌기.

ㄴ

난각(卵殼) 알껍질. 곤충의 알을 둘러싸 알을 보호하고 수분 손실을 방지하는 비키틴성 물질.

난생(卵生) 알출생. 곤충이 알 단계로 태어나는 경우.

날개액 날개 기부의 경화된 절편.

내횡대(內橫帶) 날개의 가로선 안쪽의 띠무늬.

내횡선(內橫線) 날개 기부 쪽의 가로선 무늬. 날개의 기부 쪽 가로선.

냄새비늘 발향린(發香鱗). 페로몬과 같은 화학물질을 분비하는 특수한 비늘.

너불루스 맵시벌의 뒷날개에서 주맥과 둔맥을 잇는 가로맥.

노숙유충 불완전변태를 하는 곤충의 어린 약충이 성충으로 성장하기 전 유충.

ㄷ

다형현상(多形現狀) 같은 종에서 개체에 따라 여러 가지 모양이 나타나는 현상.

단세포모(單細胞毛) 단세포털. 하나의 세포로 된 털.

단시형(短翅形) 짧은날개형. 날개의 모양이 짧아 비행기능이 없는 형.

단식형(單食形) 진딧물의 생활사 중 기주이동이 없이 한 기주에서 생활하는 형태.

445

단안(單眼) 홑눈. 곤충이나 거미에서 밝고 어두움만 느낄 수 있는 간단한 구조의 작은 눈. 곤충은 3개, 거미는 8개가 있다.

대악(大顎) 큰턱. 곤충의 입을 구성하는 한 부분.

더듬이 촉각. 여러 개의 마디로 이루어져 있고 냄새를 맡아 먹이를 찾거나 적을 알아채는 곤충의 머리에 있는 기관. 곤충에는 더듬이가 1쌍 있다.

도래마디 전절. 다리의 밑마디와 넓적다리마디 사이에 있는, 회전하는 데 쓰이는 작은 마디.

둔맥 기부에서 45°~10° 각도로서 아래로 뻗은 맥. **둔실** 둔맥(꼬리맥)의 중앙에 있는 방.

등판 마디의 등면을 덮고 있는 경판.

등판도랑 가운데가슴등판 위의 도랑 무늬.

딱지날개 굳은날개. 시초, 초시. 딱정벌레 무리는 앞날개와 뒷날개가 질이 서로 다르며, 멈추었을 때 앞날개가 배를 덮고 그 밑에 뒷날개를 접어 넣는다. 이 때 딱딱하게 생긴 앞날개.

ㅁ////////

막질(膜質) 얇은 종이 같으며, 반투명한 것.

망강(網腔) 망상 무늬에서의 눈 또는 벽 안의 공간.

망목(網目) 망상 무늬에서의 눈 또는 벽.

망상맥(網狀脈) 그물맥. 잎의 중심에서 갈라져 나와 그물 모양으로 퍼지는 맥.

머리방패 윗입술과 이마 사이에 위치한 부분으로 얼굴 앞 또는 아래에 있고 그 앞쪽에 윗입술이 붙어있다. 딱정벌레의 경우 주로 사다리꼴 형태.

머리방패분할선 머리방패와 얼굴 사이를 연결하는 봉합선.

먹이식물 기주식물. 곤충이 살아가기 위해 이용하는 식물.

며느리발톱 대개 종아리마디의 끝이나 그 부분에 있는 가시 모양의 돌기.

면모(綿毛) 솜털. 길고 부드러운 솜털.

모갱(毛坑) 피부의 바깥쪽 털이 나오는 지점.

모기판(毛基板) 곤충의 표피에 털이 나는 부분의 기부가 경화되어 있는 부분.

몸등면 앞가슴 등판과 복부등판. 위쪽에서 보이는 모든 부분.

무시형(無翅形) 날개가 없는 형태.

미모(尾毛) 곤충의 배의 제11마디에 있는 털.

미부(尾部) 복부끝. 복부의 끝부분

미상(尾狀) 꼬리 모양.

미세돌기(微細突起) 미소곤충의 표피 중 작은 비늘모양의 날카로운 돌기로 피부가 변형된 것.

미시형(微翅形) 작은 날개 모양.

미역(尾域) 꼬리 부분의 등판.

미절판(尾節板) 딱지날개로부터 노출되어 경화된 복부 끝마디.

밀면모(密綿毛) 빽빽이 붙은 솜털.

밀생(密生) 여러 개가 서로의 간격이 좁게 모여서 나는 상태.

ㅂ////////

바깥돌기 외치. 곤충의 이빨 모양 바깥쪽 돌기.

바늘모양돌기 침상돌기. 절지동물의 체표면 또는 부속지에 바늘모양으로 뾰족하게 나 있는 구조물.

바늘형톱니 침거치. 바늘 같은 예리한 거치.

반문(班紋) 반점 무늬. 반점이 여러 개 있어 알록달록 아롱진 무늬.

반시초(半翅背) 기부가 경화한 앞날개.

반점(斑點) 유점 또는 묵점이 있는 것.

발톱빨판 욕반. 포낭. 다리 발마디 끝에 나 있는 전부절 마디의 가운데 빨판 부위. 다리 발목마디 밑의 주머니.

발향린(發香鱗) 냄새 비늘. 페로몬과 같은 화학물질을 분비하는 비늘.

방추형(方錐形) 타래 모양. 가운데가 굵고 양끝으로 가며 가늘어지는 모양.

배다리 복각. 복부 아래쪽 다리 역할을 하는 부속지.

배등판 곤충의 복부 등쪽 경화된 판.

배선(背線) 등쪽 선.

배판 각 몸마디의 배면을 이루고 있는 경판.

벌레혹 충영. 식물의 줄기나 잎·뿌리 등에서 볼 수 있는 비정상적인 혹 모양의 팽대부. 곤충 등의 기생에 의한 자극으로 생긴다.

병역 후역. 전신복절 등면의 전중회의 뒤쪽에 있는 구역.

병절 흔들마디. 더듬이를 구성하는 3부분 중 가운데 부분.

보란수(保卵數) 곤충이 산란 후 보호하고 있는 알의 숫자.

복각(腹脚) 배다리. 복부 아래쪽 다리 역할을 하는 부속지.

복모(伏毛) 누운 털. 분지된 털이나 돌기.

복안(複眼) 겹눈. 하나하나의 낱눈이 모여 이루어진 큰 눈으로 물체의 모양이나 움직임을 구별한다.

봉합선(縫合線) 체벽을 분할하는 주름살로서 두 경판을 감친 것같이 이어주는 곳.

부속지(附屬肢) 곤충의 각 체절에서 나온 다리, 더듬이, 집게발 같은 기관들.

부화약충 알에서 갓 깨어난 어린 유충.

분백(粉白) 흰 가루가 덮여 백색을 띠는 녹색.

분할선(分割線) 전신복절의 양쪽 등면 구역을 2분하는 융기선.

불임성(不姙性) 생식 기능이 없는 것.

브라키올라(brachiola) 구부러진 손가락 형태의 약한 나방의 털.

브러시털 벌의 꽃가루솔같이 브러시 모양으로 배열된 털.

뺨 공간 겹눈의 아래숄과 큰턱의 기부사이의 공간.

뿔돌기 뿔모양으로 뾰족하게 돌출되어 있는 구조물.

ㅅ

사정낭침(射精囊針) 나비목 수컷의 사정관내 가늘고 각질화된 뾰족한 기구.

사출성모(四出星毛) 네갈래별형 털. 4갈래로 갈라진 별 모양의 털.

삭쿨루스(sacculus) 나비목 수컷 생식기의 각질부분 아래에 있는 작은 주머니.

산자형 가을철 월동기주로 이동해 무시산란형 암컷을 낳은 유시형 암컷 성충.

삼각실(三角室) 잠자리목 시맥 중 삼각형 부분.

삼출모(三出毛) 3갈래로 갈라진 털.

삽입기 곤충의 수컷에서 볼 수 있는 교미기. 사정관 말단부를 감싸서 암컷에게 삽입하기 위한 기관.

상부기 상부속기. 잠자리류의 복부끝 부속기의 아랫부분.

상순(上脣) 윗입술. 곤충의 입을 구성하는 부분.

생식가능개체(生殖可能個體) 유시태생. 진딧물의 암컷 성충 중 날개가 있고 알 대신 새끼를 낳는 개체.

생식기인접판(生殖器隣接板) 교미구판. 암컷 생식기의 교미구 주변의 경화된 외벽.

생식판(生殖板) 생식구를 덮고 있는 판상 구조.

설상부(舌狀部) 혀 모양의 부위. 작은 삼각형 부분.

설형(楔形) 쐐기 모양. 쐐기처럼 생긴 모양.

설형(舌形) 혀 모양. 혀처럼 생김.

섬모(纖毛) 가는 털.

섭유판 겹눈의 앞뒤의 하부, 뺨의 뒷부분.

성긴점각 드문드문 난 점 모양의 패인 부분.

성상(星狀) 별 모양. 털의 가지가 여러 방향으로 뻗쳐 우산살 모양을 한 것.

성충(成蟲) 어른곤충. 어른벌레. 생식능력이 있는 곤충. 곤충은 암수가 만나 짝짓기를 하고 알을 낳으면 대부분 곧 죽는다.

성표(性標) 암수 구별의 상징이 되는 표현으로서 날개 윗면과 아랫면의 무늬나 색의 형.

세맥(細脈) 주맥 또는 측맥에서 가지친 가는 맥.

세모거치(細毛鋸齒) 털처럼 가는 거치.

소강모(小剛毛) 작은 센털. 큰 턱의 앞부분 털.

소생(疏生) 드물게 난 것.

소순판(小盾板) 가슴의 두번째 마디의 등판이 접은 앞날개 사이에서 삼각형으로 보이는 것.

소연절 더듬이의 자루마디와 채찍마디 사이에 있는 작은 마디.

소예거치(小銳鋸齒) 작은 톱니 모양의 거치.

소포(小胞) 앞날개에 있는 융기부.

수상모(樹狀毛) 나무 모양으로 생긴 돌기.

수태낭(受胎囊) 교미 방해물. 짝짓기가 끝난 후에 수컷의 분비물로 만들어진 암컷의 배 끝을 덮는 부속물. 이로 인해 암컷은 짝짓기가 불가능하게 된다.

숨관 물 속에 사는 곤충들의 꽁무니에 있는 가늘고 긴 관.

숨문 기문. 숨구멍. 외배엽의 함입에 의해 발생한 곤충의 호흡계. 가스 교환을 위해 바깥과 통하는 구멍.

숨쉬기 호흡. 생체내에서 산화 환원에 의하여 에너지를 획득하는 과정. 산소를 흡수하여 산화하는 경우를 호기적 호흡(산소 호흡)이라 한다.

시맥(翅脈) 날개맥. 딱딱하게 되어 곤충의 날개를 지지하는 맥.

시맥상방 간실. 시맥과 시맥 사이에 횡맥이 있어서 작은 실(방)을 형성하는데 중실을 제외한 것.

시정(翅頂) 날개의 끝부분.

시초(翅鞘) 굳은날개. 딱지날개. 초시. 딱정벌레무리는 앞날개와 뒷날개가 질이 서로 다르며, 멈추었을 때 앞날개가 배를 덮고 그 밑에 뒷날개를 접어 넣는다. 이 때 딱딱하게 생긴 앞날개, 즉 키틴화된 날개.

신월형(新月形) 초승달 모양.

신장형(腎臟形) 콩팥형. 세로보다 가로가 긴 원형의 밑이 들어가서 콩팥 모양을 한 것.

심장형(心臟形) 심장 모양. 한쪽은 뾰쪽하고 반대쪽은 패인 원 모양.

◉▥▥▥

아가슴등 아홉배판. 흉부 아래쪽의 배판.

아기부(亞基部) 기부보다 약간 바깥쪽.

아기선(亞基線) 기부가 되는 선의 바로 다음 선.

아랫입술수염 곤충의 아랫입술에 있는 더듬이 모양의 부속지.

아배선(亞背線) 등 쪽으로 난 선을 가리키며, 기준등선의 다음 선.

아생식판(亞生殖板) 곤충의 배에서 끝부분 아래쪽에 있는 경화된 생식판의 격리된 앞부분.

아전연역(亞前緣域) 곤충의 날개 앞쪽 부분.

아주연부 곤충의 시맥 중에서 주맥이 있는 부근.

아흉배판(亞胸背板) 아가슴등. 흉부 아래쪽의 배판.

앞가장자리 전연부. 곤충 날개의 가장 앞부분의 두터운 부위.

앞배판 날개의 바로 아래의 옆구리 부분.

앞엽판융기 앞다리 넓적다리의 부착점 부근의 앞옆판에 비스듬히 달리는 융기선.

애벌레배각 유영각. 애벌레의 복부에 있는 다리.

앤트룸(antrum) 뼈 속의 빈 공간. 골격(뼈)의 빈 공간.

약충 미성숙 곤충. 불완전 변태를 하는 곤충이 부화 후 성충이 되기까지의 애벌레.

어깨돌기 견용부. 곤충의 앞가슴 앞쪽 어깨 근처의 돌기물.

어깨판 어깨같이 보이는 경판. 곤충의 앞날개 기부에 부착된 작은 막질판.

어른벌레 성충. 어른벌레. 생식능력이 있는 곤충. 곤충은 암수가 만나 짝짓기를 하고 알을 낳으면 대부분 곧 죽는다.

여름기주 이차기주. 기주이동을 하는 진딧물의 경우 생식형 1차기주에서 이동하여 무성생식 세대를 거듭하는 기주.

여름잠 하면(夏眠). 생물이 심한 더위나 건조한 시기에 활동을 멈추고 잠을 자며 지내는 일.

역자모(逆刺毛) 갈고리형 털. 털 끝이 갈고리 모양이거나 측면이 톱니처럼 되었거나 갈고리가 달린 털.

연골질(軟骨質) 물렁뼈같이 생긴 것. 대의 조직이 단단하고 속이 비어 부러지는 것.

연문(緣紋) 날개의 아전연맥 끝에 있는 착색된 검은 부위. 앞날개 앞쪽에 있는 무늬.

연변(緣邊) 가장자리. 가두리. 둘레. 테두리. 어떤 범위의 가장자리.

염주상(念珠狀) 염주 모양. 둥근 구조가 연결되어 염주와 같은 모양.

옆판도랑 말벌 등에서 가운데방패판의 양 옆에 있는 세로도랑.

예거치(銳鋸齒) 톱니 모양으로 앞을 향한 거치.

완맥 날개 기부에 있어서 안쪽과 나란히 달리는 맥.

왜웅형(矮雄形) 수컷 왜소형. 수컷이 암컷보다 작은 경우.

외곡(外曲) 반곡. 반전. 바깥쪽으로 구부러지는 것. 등쪽으로 구부러진 것.

외연부(外緣部) 옆가장자리. 몸의 옆쪽 끝부분.

외횡대(外橫帶) 외횡선이 띠 모양으로 된 부분.

외횡선(外橫線) 날개 가장자리 쪽의 세로줄 무늬.

욕반 발톱빨판. 포낭. 다리 발목마디 끝에 나 있는 전부절 마디의 가운데 빨판 부위. 다리 발목마디 밑의 주머니.

용골돌기 표피의 일부가 길게 융기된 돌기.

용실 번데기방. 곤충의 번데기가 들어 있는 공간.

용화 애벌레가 번데기로 되는 현상.

우상돌기(羽狀突起) 물집이나 혹 같은 돌기.

우상맥(羽狀脈) 깃꼴맥. 주맥에서 나온 측맥이 새의 깃털 모양으로 된 것.

우화(羽化) 곤충의 번데기가 성충으로 탈피하는 과정. 날개가 달린 모습으로 변화하는 모습.

원추모 원뿔 모양 털. 긴 원뿔 모양의 털.

위강 맵시벌의 제2마디 등판 기부 부근 양쪽에

있는 가로 홈타기.

유두상돌기(乳頭狀突起) 젖꼭지 모양의 돌기.

유시충(有翅蟲) 날개곤충. 날개가 달린 곤충.

유시태생(有翅胎生) 생식가능개체. 진딧물의 암컷 성충 중 날개가 있고 알 대신 새끼를 낳는 개체.

유시형(有翅形) 곤충 중 완전한 날개가 있는 형태.

유영각 애벌레배각. 애벌레의 복부에 있는 다리.

유첨장견모(柔尖長絹毛) 견모보다 길고 끝이 유연하고 표피 가운데 누운 털.

유충갱(幼蟲坑) 애벌레에 의해 뚫어진 나무의 작은 굴.

융기맥 날개맥이 잘 발달되어 융기된 맥.

융기선(隆起線) 용골돌기처럼 돌출된 부분이 선을 이루는 형태.

융모(絨毛) 융털. 길이가 일정치 않은 털이 서로 엉켜 융단과 같이 된 것.

음판(淫板) 잠자리목 암컷의 여덟째 배마디 아랫쪽에 있는 생식공을 덮고 있는 판.

이마혹 머리 부분 중 더듬이가 부착된 돌출 부분.

이주형(移住形) 진딧물의 생활사 중 기주이동을 하는 무리 형태.

이중예거치(二重銳鋸齒) 톱니 모양이 이중으로 갈라진 거치.

이차감각기(二次感覺器) 진딧물의 더듬이가 마디에 있는 작은 원 모양의 감각기로 페로몬을 감지한다.

이차기주(二次寄主) 여름기주. 기주이동을 하는 진딧물의 경우 생식형 1차기주에서 이동하여 무성생식세대를 거듭하는 기주.

인모(鱗毛) 비늘 모양의 털

인편(鱗片) 비늘 조각.

일차감각기(一次感覺器) 진딧물의 더듬이 감각기 중 5번째 마디와 6번째 기부에 있는 대형 화학감각기.

일차기주(一次寄主) 진딧물처럼 기주이동을 하는 곤충의 경우 생식형 암컷과 수컷이 동시에 발생하여 산란하는 기주.

ㅈ

자모(刺毛) 센털. 뾰족한 털. 쏘는 성질의 액을 분비하는 선을 가지고 있는 털. 몸이나 날개에 있는 비교적 굵은 털.

잠엽성(潛葉性) 곤충의 먹이 습성 중 잎에 숨어서 섭식하는 형태.

장시형(長翅形) 긴 날개형. 날개의 모양이 긴 형태로 비행이 가능한 형.

장연모(長軟毛) 길고 연한 털.

장편모(長遍毛) 경조모보다 길고 밑은 편편하고 끝으로 갈수록 둥근 털.

재래종(在來種) 토종. 어느 지방에서 오랜 세월 동안 다른 품종과 교배되지 않고 재배되거나 길러 오던 품종.

전경절거(前脛節踞) 곤충의 앞다리에 있는 종아리마디의 가시.

전부절(前部節) 앞발목 마디. 발목 마디의 기부쪽.

전신복절 벌의 뒷가슴등판같이 보이는 곳으로 제1배마디가 뒷가슴등판에 얹혀서 된 부분.

전연부(前緣部) 앞가장자리. 곤충 날개의 가장 앞부분의 두터운 부위.

전용 약충의 성장 과정 중 처음 휴식기.

전절 도래마디. 다리의 밑마디와 넓적다리마디 사이에 있는, 회전하는 데 쓰이는 작은 마디.

전중획 전신복절 위의 중앙에 있는 작은 구역.

전퇴절 앞다리의 넓적다리마디.

전흉배판(前胸背板) 앞가슴등판. 앞가슴 윗부분에 있는 경판. 가슴을 이루는 첫째 마디의 등판.

절대활물기생(絶對活物寄生) 기생. 활물기생. 살아 있는 기주에서 영양을 섭취하면서 살아가는 것.

점각(點刻) 곤충의 경판에 작은 점 모양으로 움푹 들어간 부분. 몸 표면에 바늘로 점을 찍어 놓은 것같이 얽은 무늬.

점각열(點刻列) 점 모양으로 줄지어 패인 모양. 점각들이 열을 이룬 것.

점질(粘質) 끈끈한 물질. 끈끈하고 차진 물질.

정단(頂端) 첨단. 끝부분. 모든 기관의 머리 또는 끝부분.

정수리 곤충 앞머리의 납작한 부분.

종구(縱溝) 세로도랑. 경판에 세로로 난 도랑.

종맥(縱脈) 날개 기부에서 사방으로 뻗은 맥.

종융(縱隆) 세로돌기. 세로로 난 돌기.

종융기선(縱隆起線) 세로로 줄지어 난 융기선.

주걱 모양 장타원형의 하부가 점차로 좁아져서 주걱과 같이 된 모양.

주맥 경맥과 둔맥 사이의 맥.

주실 주맥과 둔맥 사이의 방.

중경절 가운뎃다리의 종아리마디.

중기절 가운뎃다리의 밑마디.

중대(中帶) 날개 가운데 부분의 띠 무늬.

중실(中室) 날개중앙방. 날개에서 시맥으로 둘러싸여 있는 부분 중에서 가운데 부위의 것.

중앙반실 중실. 앞날개의 중앙의 방.

중앙종대(中央縱帶) 중앙의 세로띠. 경판이나 날개에 중앙에서 세로로 지르는 띠 무늬.

중앙흉판(中央胸板) 가운데 가슴판. 곤충의 가슴을 이루는 판들 중 중앙에 있는 판.

중퇴절 가운뎃다리 넓적다리마디

중횡선(中橫線) 중앙의 가로선. 중앙에서 가로로 지르는 선.

중흉돌기(中胸突起) 가운데가슴돌기. 가운데 가슴에 돌출되어 있는 구조물.

중흉후측판(中胸後側板) 가운데 가슴 뒤쪽의 편평한 부분.

즐치상극모(櫛齒狀棘毛) 빗살 모양의 극모. 섬모가 모여 융합하여 마치 붓끝처럼 된 돌기.

즐치상돌기(櫛齒狀突起) 빗살모양돌기. 다리 등의 외부에 빗살 모양으로 돌출되어 있는 구조물.

직선사횡맥(直線斜橫脈) 곧고 비스듬한 날개맥.

ㅊ

채찍마디 채찍 모양인 더듬이의 각 마디.

청기 생식기를 자극하는 기관.

체배면 몸통의 아래쪽.

초시(鞘翅) 굳은날개. 딱지날개. 시초. 딱정벌레 무리는 앞날개와 뒷날개가 질이 서로 다르며, 멈추었을 때 앞날개가 배를 덮고 그 밑에 뒷날개를 접어 넣는다. 이 때 딱딱한 앞날개이다.

촉각(觸角) 더듬이. 여러 개의 마디로 이루어져 있고 냄새를 맡아 먹이를 찾거나 적을 알아채는 곤충의 머리에 있는 기관.

충매화(蟲媒花) 곤충에 의해 이루어지는 식물의 꽃가루받이.

충영(蟲癭) 벌레의 혹. 식물의 줄기나 잎·뿌리 등에서 볼 수 있는 비정상적인 혹 모양의 팽대부. 곤충 등의 기생에 의한 자극으로 생긴다.

충태(蟲態) 벌레 모양. 곤충의 형태. 알, 애벌레,

번데기, 성충의 형태.

측면융기부(側面隆起部) 측융기선. 옆부분에 볼록하게 올라온 부분.

치돌기(齒突起) 절지동물의 다리 등의 외부에 난 이빨 모양 돌기.

치상돌기(齒狀突起) 이빨모양돌기. 절지동물의 다리 등의 외부에 이빨 모양으로 돌출되어 있는 구조물.

침상돌기(針狀突起) 바늘 모양의 돌기. 절지동물의 체표면 또는 부속지에 바늘 모양으로 뾰족하게 나 있는 구조물.

침형(針形) 바늘 모양. 끝쪽으로 갈수록 가늘어지는 모양.

ㅋ

콩팥형 신장형. 세로보다 가로가 긴 원형의 밑이 들어가서 콩팥 모양을 한 것.

쿠쿨루스(cucullus) 나비목 수컷 생식기의 경화된 일부분.

큰턱 대악. 곤충의 입을 구성하는 한 부분.

키메라(chimera) 동일개체 내에서 유전자형이 다른 조직이 혼재할 경우.

ㅌ

타래 모양 방추형(方錐形). 가운데가 굵고 양끝으로 가며 가늘어지는 모양.

타액구(唾液溝) 침 등 타액이 흘러나오는 오목한 부분.

탈피각(脫皮殼) 허물. 절지동물이 성장하면서 벗고 나간 껍질.

태생(胎生) 애벌레 출산. 곤충이 알 단계 없이 바로 애벌레 단계로 출산하는 것.

토종(土種) 재래종. 어느 지방에서 오랜 세월 동안 다른 품종과 교배되지 않고 재배되거나 기르던 품종.

통형돌기(桶形突起) 원통모양돌기. 작은 항아리 모양의 돌기.

퇴절(腿節) 넓적다리마디. 다리의 세 번째 마디.

트란스틸라(transtilla) 나비목 곤충의 수컷 생식기의 경화된 마디의 일부.

티리리움(hyridium) 맵시벌의 제2배마디 등판에 있는 위강 뒷부분의 평활하고 흐릿한 부분.

ㅍ

파도형(波濤形) 주름살 날 모양의 일종으로서 파도와 같은 굵은 곡선을 이루는 것.

파악판(把握版) 수컷 생식기의 구조 중 양옆으로 길게 발달되어 암컷과 교미시 붙잡는 부분.

팽융(膨隆) 늘어져서 부어오른 모습.

편심원형(偏心圓形) 한쪽으로 치우친 둥근 모양.

평행맥(平行脈) 나란히맥. 중심맥에서 갈라져 나와 나란하게 퍼지는 맥.

포낭 발톱빨판. 욕반. 다리의 발목마디 밑의 주머니. 다리 발목마디 끝에 나 있는 전부절 마디의 가운데 빨판 부위.

ㅎ

하면(夏眠) 여름잠. 생물이 심한 더위나 건조한 시기에 활동을 멈추고 잠을 자며 지내는 일.

하부속기(下附屬器) 하부기. 잠자리류의 복부끝 부속기의 윗부분.

하악(下顎) 아래턱. 곤충의 입 부분 중 아래턱.

항문관(肛門管) 항관. 항문의 관.

항문상판(肛門上板). 항상판. 항문의 위쪽 부분에 있는 판 모양의 부속물.

허물 탈피각. 곤충이 성장하면서 벗고 나간 껍질.

혁질부(革質部) 딱딱하게 경화된 부분. 딱지날개 등.

호상(弧狀) 활 모양. 활의 등처럼 굽은 모양.

호흡(呼吸) 숨쉬기. 생체내에서 산화환원에 의하여 에너지를 획득하는 과정. 산소를 흡수하여 산화하는 경우를 호기적 호흡(산소호흡)이라 한다.

혹돌기 혹처럼 둥글게 돌출되어 있는 구조물.

혼소(混巢) 2종 이상의 곤충이 같은 서식처에서 생활하는 것.

홑눈 단안. 곤충이나 거미에서 볼 수 있는 간단한 구조의 작은 눈으로 곤충은 3개, 거미는 8개가 있는데 단지 밝고 어두움만 느낄 수 있다.

환상문(環狀紋) 고리처럼 둥근 테가 있는 무늬.

활물공생(活物共生) 공생. 살아 있는 기주와 서로 영양의 수수 관계로 살아가는 것.

활물기생(活物寄生) 기생. 절대활물기생. 살아 있는 기주에서 영양을 섭취하면서 살아가는 것.

횡구(橫溝) 가로도랑. 경판에 가로로 난 도랑.

횡맥(橫脈) 가로맥. 주맥에서 나온 측맥이 평행으로 달리는 맥. 기부의 종맥과 연결된 시맥.

후경절 곤충의 다리 중 뒷다리 종아리 마디.

후부절 곤충의 다리 중 뒷다리 발목 마디

후역 병역. 전신복절 등면의 전중획의 뒤쪽에 있는 구역.

후퇴절 뒷다리 넓적다리 마디.

흉각(胸脚) 가슴에 붙어 있는 다리. 절지동물의 가슴마디에 있는 부속지.

흔들마디 병절. 더듬이를 구성하는 3부분 중 가운데 부분.

흡밀(吸蜜) 곤충이 꽃에 앉아 꿀을 빨아먹는 것.

찾아보기

ㄱ

가는줄물방개 Coelambus chinensis Sharp 243
가락지나비 Aphantopus hyperantus (Linnaeus) 58
가시개미 Polyrhachis lamellidens Smith 356
가시모메뚜기 Criotettix japonicus (de Haan) 341
가시점둥글노린재 Eysarcoris aeneus (Scopoli) 175
가중나무고치나방 Samia cynthia (Drury) 28
각시메뚜기 Patanga japonica (Bolivar) 330
각시멧노랑나비 Gonepteryx aspasia Menetries 152
각시물자라 Diplonychus esakii Miyamoto et Lee 202
갈고리박각시 Ambulyx japonica (Rothschild) 48
갈고리밤나방 Oraesia excavata (Butler) 20
갈로이스등에 Tabanus galloisi Kono et Takahasi 425
갈색여치 Paratlanticus ussuriensis (Uvarov) 348
강도래목 Plecoptera 9
개미붙이 Thanasimus lewisi Jacobson 218
개오동명나방 Sinomphisa plagialis (Wileman) 17
거꾸로여덟팔나비 Araschnia burejana Bremer 59
거위벌레 Apoderus jekelii (Roelofs) 219
거품벌레 Aphrophora costalis Matsumura 310
검둥긴꼬리뽀족맵시벌 Acroricnus nigriscutellatus Uchida 373
검은다리실베짱이 Phaneroptera nigroantennata Brunner 344
검은먹가뢰 Epicauta chinensis taishoensis (Lewis) 216
검정볼귀쉬파리 Helicophagella melanura (Meigen) 432
검정송장벌레 Nicrophorus concolor Kraatz 269
고려나무쑤시기 Helota fulviventris Kolbe 230
고려먼지벌레 Nebria coreica Solsky 235
고마로브집게벌레 Timomenus komarovi (Semenov) 416
고추잠자리 Crocothemis servilia servilia (Drury) 400
고추좀잠자리 Sympetrum depressiusculum (Selys) 401
고추침노린재 Cydnocoris russatus Stal 191
곤봉호리벌 Gasteruption thomasoni Schletterer 360
곰개미 Formica japonica Motschulsky 357
곳체개미반날개 Megalopaederus gottschei (Kolbe) 252
광대노린재 Poecilocoris lewisi (Distant) 170
광대파리매 Neoitamus angusticornis (Loew) 434
굴뚝날도래 Semblis phalaenoides (Linne) 166
굵은줄나비 Limenitis sydyi Lederer 82
귤빛부전나비 Japonica lutea (Hewitson) 105
극남노랑나비 Eurema laeta (Boisduval) 154
극동등에잎벌 Arge similis (Vollenhoven) 377
극동왕침노린재 Epidaus tuberosus Yang 192
금강산귀매미 Neotituria kongosana (Matsumura) 319
금빛어리표범나비 Eurodryas aurinia (Rottemburgh) 97
금초록비단벌레 Chalcophora japonica (Gory) 260
기생나비 Leptidea amurensis (Menetries) 150
기생재주나방 Uropyia meticulodina (Oberthur) 44
기생하늘나방 Uropyia meticulodina (Oberthur) 44
긴꼬리 Oecanthus indicus Saussure 327
긴꼬리제비나비 Papilio macilentus Janson 136
긴날개밑들이메뚜기 Ognevia longipennis Shiraki 332
긴무늬왕잠자리 Aeschnophlebia longistigma Selys 397
긴수염대별레 Phraortes illepidus Brunner von Wattenwy 210
긴수염밤나방 Anuga multiplicans Walker 19
긴수염비행기밤나방 Anuga multiplicans Walker 19
긴알락꽃하늘소 Leptura arcuata Panzer 289
깃동잠자리 Sympetrum infuscatum (Selys) 402
길앞잡이 Cicindela chinensis de Geer 224
깜둥이창나방 Thyris fenestrella seoulensis Park et Byun 47
깨다시하늘소 Mesosa myops (Dalman) 290
꼬리명주나비 Sericinus montela Gray 130

꼬마꽃등에 *Sphaerophoria menthastri* (Linne) 420
꼬마잠자리 *Nannophya pygmaea* Ramber 403
꼬마측범잠자리 *Aeschnophlebia longistigma* Selys 397
꼭지파리 *Sepsis monostigma* (Thomson) 429
꼽등이 *Diestrammena apicalis* Brunner 328
꼽추등에 *Oligoneura nigroaenea* (Motschulsky) 419
꽃등에 *Eristalis tenax* (Linne) 421
꽃매미 *Limois emelianovi* Oshanin 313
꽃벼룩 *Mordella aculeata* 257
꽃술재주나방 *Dudusa sphingiformis* Moore 45
꽃하늘소 *Leptura aethiops* Poda 290
꿀벌 *Apis mellifera* Linne 364
끝검은말매미충 *Bothrogonia japonica* Ishihara 320
끝검은메뚜기 *Stethophyma magister* (Rehn) 330
끝보라청벌 *Chrysis splendidula* Rossi 381

ㄴ

나나니 *Ammophila sabulosa infesta* Smith 361
나비목 Lepidoptera 9
나비잠자리 *Rhyothemis fuliginosa* Selys 404
날개띠좀잠자리 *Sympetrum pedemontanum elatum* (Selys) 405
날도래목 Trichoptera 165
날베짱이 *Holochlora longifissa* Matsumura et Shiraki 344
남방노랑나비 *Eurema hecabe* (Linnaeus) 158
남방부전나비 *Pseudozizeeria maha* (Kollar) 108
남색주둥이노린재 *Zicrona caerulea* (Linne) 176
남색초원하늘소 *Agapanthia pilicornis* (Fabricius) 300
남쪽날개매미충 *Ricania taeniata* Stal 322
납작돌좀 *Haslundichilis viridis* Lee et Choi 214
넉점박이똥풍뎅이 *Aphodius sordidus* (Fabricius) 268
넉점박이송장벌레 *Nicrophorus quadripunctatus* Kraatz 270
넓적사슴벌레 *Serrognathus platymelus castanicolor* Motschulsky 262
넓적송장벌레 *Silpha perforata* Gebler 270
네눈들명나방 *Pleuroptya quadrimaculalis* (Kollar) 15
네발나비 *Polygonia c-aureum* (Linnaeus) 60
네점박이노린재 *Homalogonia obtusa* (Walker) 177
네점하루살이 *Ecdyonurus yoshidae* Takahashi 438
노란잠자리 *Sympetrum croceolum* Selys 406
노란줄긴수염나방 *Nemophora aurifera* (Butler) 12

노란허리잠자리 *Pseudothemis zonata* Burmeister 407
노랑나비 *Colias erate* (Esper) 156
노랑띠하늘소 *Polyzonus fasciatus* (Fabricius) 292
노랑북방잠자리 *Somatochlora graeseri* Selys 393
노랑배허리노린재 *Plinachtus bicoloripes* Scott 194
노랑뿔잠자리 *Ascalaphus sibiricus* Eversmann 412
노랑수중다리잎벌 *Cimbex lutea* (Linne) 378
노랑썩덩벌레 *Ctenioptinus hypocrita* (Marseul) 272
노랑애기나방 *Amata germana* (Felder et Felder) 35
노랑얼룩거품벌레 *Cnemidanomia lugubris* (Lethierry) 311
노랑줄꽃등에 *Dasysyrphus albostriatus* 422
노랑털알락나방 *Pryeria sinica* Moore 33
노랑테병대벌레 *Podabrus longissimus* Pic 258
노린재목 Hemiptera 169
늦반딧불이 *Pyrocselia rufa* (Olivier) 253

ㄷ

다리무늬두흰점노린재 *Dalpada cinctipes* Walker 177
다리무늬침노린재 *Sphedanolestes impressicollis* (Stal) 193
다우리아사슴벌레 *Prismognathus dauricus* Motschulsky) 261
달무리무당벌레 *Anatis halonis* Lewis 236
담색긴꼬리부전나비 *Antigius butleri* (Fenton) 110
대륙뱀잠자리 *Parachauliodes continentalis* van der Weele 410
대만나방 *Paralebeda femorata* (Menetries) 31
대만흰나비 *Artogeia canidia* (Linnaeus) 164
대모송장벌레 *Eusilpha brunneicollis* (Kraatz) 271
대벌레 *Baculum elongatum* Thunberg 212
대벌레목 Phasmida 209
대유동방아벌레 *Agrypnus argillaceus* (Solsky) 254
도시처녀나비 *Coenonympha hero* (Linnaeus) 92
도토리노린재 *Eurygaster testudinaria* (Geoffroy) 174
독수리팔랑나비 *Bibasis aquilina* (Speyer) 122
돈무늬팔랑나비 *Heteropterus morpheus* (Pallas) 123
돌좀목 Microcoryphia 213
두쌍무늬노린재 *Urochela quadrinotata* (Reuter) 189
두점박이사슴벌레 *Prosopocoilus blanchardi* (Parry) 261
뒤영벌파리매 *Laphria mitsukurii* Coquillett 435
들신선나비 *Nymphalis xanthomelas* (Denis er Schiffermuller) 72
등검은메뚜기 *Shirakiacris shirakii* (Bolivar) 331

455

등검정쌍살벌 *Polistes jadwigae jadwigae* Dalla Torre 371
등노랑풍뎅이 *Spilota plagiicollis* (Fairmaire) 282
등먹재주나방 *Pterostoma sinicum* Moore 46
등붉은병대벌레 *Athemellus oedemeroides* (Kiesenwetter) 259
등빨간갈고리벌 *Poecilogonalos fasciata* 359
등빨간거위벌레 *Tomapoderus ruficollis* (Fabricius) 220
등빨간뿔노린재 *Acanthosoma denticaudum* Jakovlev 186
등빨간소금쟁이 *Gerris gracilicornis* (Horvath) 205
등얼룩풍뎅이 *Blitopertha orientalis* (Waterhouse) 283
등줄실잠자리 *Cercion hieroglyphicum* (Brauer) 394
딱정벌레목 Coleoptera 215
땅강아지 *Gryllotalpa orientalis* (Burmeister) 329
땅개 *Gryllotalpa orientalis* (Burmeister) 329
땅강아비 *Gryllotalpa orientalis* (Burmeister) 329
땅메뚜기 *Patanga japonica* (Bolivar) 330
땅벌 *Vespula flaviceps lewisii* (Cameron) 367
떼허리노린재 *Hygia lativentris* (Motschulsky) 195
똥파리 *Scathophaga stercoraria* (Linne) 430
똥보기생파리 *Gymnosoma rotundatum* (Linne) 428

ㄹㅁ

린네잎벌 *Rhogogaster viridis* (Linnaeus) 379
말매미 *Cryptotympana dubia* (Haupt) 314
말벌 *Vespa crabro* (flavofasciata) Cameron 368
말총벌 *Euurobracon yakohamae* (Dalla Torre) 359
매미목 Homoptera 309
매부리 *Ruspolia lineosa* (Walker) 343
먹가뢰 *Epicauta* (*taishoensis*) *chinensis* (Lewis) 216
먹그림나비 *Dichorragia nesimachus* (Doyere) 62
멋쟁이딱정벌레 *Damaster jankowskii* (Oberthur) 231
메뚜기목 Orthoptera 325
모시나비 *Parnassius stubbendorfii* Menetries 134
모시밑들이 *Panorpodes paradoxus* MacLachlan 352
목대장 *Cephaloon pallens* (Motschulsky) 235
목도리불나방 *Paraona staudingeri* Alpheraky 24
못뽑이집게벌레 *Forficula scudderi* Bormans 416
무늬소주홍하늘소 *Amarysius altajensis* (Laxmann) 293
무늬하루살이 *Ephemera strigata* Eaton 440
무당벌레 *Harmonia axyridis* (Pallas) 238

무당알노린재 *Megacopta punctatissima* (Montandon) 187
묵은실잠자리 *Sympecma paedisca* (Brauer) 397
물결멧누에나방 *Oberthueria caeca* (Oberthur) 13
물결박각시 *Dolbina tancrei* Staudinger 48
물땡땡이 *Hydrophilus acuminatus* Motschulsky 242
물방개 *Cybister japonicus* Sharp 244
물잠자리 *Calopteryx japonica* Selys 390
물장군 *Lethocerus deyrollei* (Vuillefroy) 204
민풀딱정벌레 *Leptocarabus semiopacus* (Reitter) 231
밀노란잠자리 *Somatochlora graeseri* Selys 393
밀잠자리 *Orthetrum* (*speciosum*) *albistylum* (Uhler) 408
밑들이메뚜기 *Anapodisma miramae* Dovnar~Zapol'skii 333
밑들이목 Mecoptera 351
밑들이벌 *Leucospis japonica* 374

ㅂ

바수염날도래 *Psilotreta kisoensis* Iwata 167
바퀴 *Blattella germanica* (Linne) 354
바퀴목 Blattaria 353
방아깨비 *Acrida cinerea* (Thunberg) 336
방울실잠자리 *Platycnemis phillopoda* Djakonov 394
배벌 *Campsomeris schulthessi* Betrem 375
배잎벌 *Rhogogaster viridis* (Linne) 379
배추흰나비 *Artogeia rapae* (Linnaeus) 162
백두산표범나비 *Argynnis angarensis* Erschoff 97
뱀눈박각시 *Smerinthus planus* Walker 49
뱀잠자리 *Protohermes grandis* (Thunberg) 411
뱀허물쌍살벌 *Parapolybia varia* (Fabricius) 370
버들나방 *Gastropacha populifolia* (Esper) 31
버들수중다리잎벌 *Pseudoclavellaria amerinae* (Linne) 378
버들잎벌레 *Chrysomela vigintipunctata* (Scopoli) 274
벌목 Hymenoptera 355
벌붙이파리 *Conops curtulus* Coquillett 431
벌호랑하늘소 *Crytoclytus capra* (Germar) 292
범부전나비 *Rapala caerulea* (Bremer et Grey) 111
벚나무박각시 *Phillosphingia dissimilis* (Bremer) 50
벨벳재니등에 *Bombylius major* Linne 427
벼가시허리노린재 *Cletus trigonus* (Thunberg) 196
벼메뚜기 *Oxya japonica* (Thunberg) 334

별박이세줄나비 *Neptis pryeri* Butler 84
별박이자나방 *Naxa seraria* (Motschulsky) 40
별붙이파리 *Physocephala limbipennis* de Meijere 431
보라금풍뎅이 *Chromogeotrupes auratus* (Motschulsky) 282
봄어리표범나비 *Mellicta britomartis* (Assmann) 98
봄처녀하루살이 *Mellicta britomartis* (Assmann) 439
부전나비 *Lycaeides argyronomon* (Bergstrasser) 112
부처나비 *Mycalesis gotama* Moore 68
부처사촌나비 *Mycalesis francisca* (Cramer) 67
북방기생나비 *Leptidea morsei* Fenton 151
북방솔나방 *Dendrolimus superans* (Butler) 32
북방실잠자리 *Coenagrion lanceolatum* Selys 395
북쪽비단노린재 *Eurydema gebleri* Kolenati 178
분홍다리노린재 *Pentatoma japonica* (Distant) 178
불개미붙이 *Trichodes sinae* Chevrolat 218
불회색가지나방 *Biston regalis* (Moore) 37
붉은갈고리밤나방 *Oraesia excavata* (Butler) 20
붉은등뿔노린재 *Acanthosoma denticaudum* Jakovlev 186
붉은배털파리 *Bibio rufiventris* (Duda) 433
붉은산꽃하늘소 *Corymbia rubra* (Linne) 294
붉은잡초노린재 *Rhopalus maculatus* (Fieber) 188
붉은점모시나비 *Parnassius bremeri* Bremer 133
빌로드재니등에 *Bombylius major* Linne 427
뿔나비 *Libythea celtis* Fuessly 70
뿔소똥구리 *Copris ochus* (Motschulsky) 268

ㅅ

사과알락나방 *Illiberis pruni* Dyar 34
사마귀 *Tenodera angustipennis* Saussure 388
사마귀목 Mantodea 385
사슴벌레 *Lucanus maculifemoratus dybowskyi* Parry 264
사슴풍뎅이 *Dicranocephalus adamsi* Pascoe 226
사시나무잎벌레 *Chrysomela populi* Linne 272
사치호리병벌 *Pareumenes quadrispinosa* Saussure 382
사향제비나비 *Atrophaneura alcinous* (Klug) 139
산왕물결나방 *Brahmaea tancrei* Austaut 36
산은줄표범나비 *Childrena zenobia* (Leech) 99
산제비나비 *Papilio maackii* Menetries 135
산호랑나비 *Papilio machaon* Linnaeus 144

산홍단딱정벌레 *Damaster smaragdinus fulminifer* (Roeschke) 232
삽사리 *Mongolotettix japonicus* (Bolivar) 338
상투벌레 *Dictyophara patruelis* (Stal) 324
섬나라메뚜기 *Mongolotettix japonicus* (Bolivar) 338
섬서구메뚜기 *Atractomorpha lata* (Motschulsky) 342
세은무늬재주나방 *Spatalia dives* Oberthur 43
세은무늬하늘나방 *Spatalia dives* Oberthur 43
세줄날개가지나방 *Hypomecis roboraria* (Denis et Schiffermuller) 38
소금쟁이 *Gerris (Aquarius) paludum insularis* Motschulsky 206
소나무비단벌레 *Chalcophora japonica* (Gory) 260
소나무하늘소 *Rhagium inquisitor* (Linne) 295
솔송나방 *Dendrolimus superans* (Butler) 32
송장헤엄치게 *Notonecta triguttata* Motschulsky 207
쇠측범잠자리 *Davidius lunatus* Bartenef 391
수노랑나비 *Chitoria ulupi* (Doherty) 63
수염하늘소 *Monochamus urussovi* (Fischer) 296
수중다리꽃등에 *Helophilus virgatus* Coquillet t422
슈렌키뒤영벌 *Bombus schrencki albidopleuralis* Skorikov 366
스핀하늘나방 *Dudusa sphingiformis* Moore 45
시골처녀나비 *Coenonympha amaryllis* (Cramer) 93
신부날개매미충 *Euricania clara* Kato 320
실베짱이 *Phaneroptera falcata* (Poda) 345
십이흰점무당벌레 *Vibidia duodecimguttata* (Poda) 236
십자무늬긴노린재 *Tropidothorax cruciger* (Motschulsky) 174
쌕새기 *Conocephalus chinensis* (Redtenbacher) 348
쑥잎벌레 *Chrysolina auricchalcea* (Mannerheim) 273
씨알붐나비 *Polygonia c-aureum* (Linnaeus) 60

ㅇ

아시아실잠자리 *Ischnura asiatica* (Brauer) 396
아이누길앞잡이 *Cicindela gemmata* Faldermann 225
알노린재 *Coptosoma bifarium* Montandon 188
알락명주잠자리 *Distoleon nigricans* (Okamoto) 410
알락방울벌레 *Dianemobius nigrofasciatus* (Matsumura) 326
알락수염노린재 *Dolycoris baccarum* (Linne) 179
알락수염하늘소 *Palimna liturata* (Bates) 297
알락주홍불나방 *Miltochrista pulchera* Butler 25
암끝검은표범나비 *Argyreus hyperbius* (Linnaeus) 100
암먹부전나비 *Everes argiades* (Pallas) 114

애기꽃등에 Sphaerophoria menthastri (Linne) 420
애매미 Meimuna opalifera (Walker) 316
애반딧불이 Luciola lateralis Motschulsky 253
애배벌 Campsomeris annulata Fabricius 376
애사마귀붙이 Mantispa japonica MacLachlan 414
애사슴벌레 Macrodorcas rectus (Motschulsky) 265
애호랑나비 Luehdorfia puziloi (Erschoff) 146
애호리병벌 Eumenes pomiformis Fabricius 383
애홍날개 Pseudopyrochroa rubricollis Lewis 307
약대벌레 Inocellia japonica Okamoto 414
양봉꿀벌 Apis mellifera Linne 364
어리나나니 Trypoxylon malaisei Gussakovskij 362
어리별쌍살벌 Polistes mandarinus Saussure et Geer 372
어리부채장수잠자리 Gomphidia confluens Selys 392
어리세줄나비 Aldania raddei (Bremer) 83
어리쌀바구미 Sitophilus zeamais Motschulsky 250
어리표범나비 Mellicta britomartis (Assmann) 98
얼룩대장노린재 Placosternum esakii Miyamoto 180
얼룩매미나방 Lymantria monacha (Linnaeus) 14
얼룩송곳벌 Tremex fuscicornis (Fabricius) 377
에사키뿔노린재 Sastragala esakii Hasegawa 186
여덟무늬알락나방 Balataea octomaculata (Bremer) 34
여치 Gampsocleis sedakovi obscura 349
연노랑풍뎅이 Blitopertha pallidipennis Reitter 286
열점박이노린재 Lelia decempunctata (Motschulsky) 181
열점박이별잎벌레 Oides decempunctatus (Billberg) 276
오리나무잎벌레 Agelastica coerulea Baly 277
오카모토거위벌레 Apoderus okamotonis Kono 221
옥색긴꼬리산누에나방 Actias gnoma (Butler) 29
온실가루깍지벌레 Planococcus kraunhiae (Kuwana) 312
왕거위벌레 Paracycnotrachelus longiceps (Motschulsky) 221
왕귀뚜라미 Teleogryllus emma (Ohmachi et Matsumura) 326
왕나나니 Hoplammophila aemulans Kohl 362
왕나비 Parantica sita (Kollar) 121
왕무늬대모벌 Anoplius samariensis Pallas 366
왕바구미 Sipalinus gigas gigas (Fabricius) 251
왕빗살방아벌레 Pectocera fortunei Candeze 255
왕사마귀 Tenodera aridifolia (Stoll) 386
왕사슴벌레 Dorcus hopei (E. Saunders) 267

왕세줄나비 Neptis alwina (Bremer et Grey) 86
왕소등에 Tabanus chrysurus Loew 426
왕오색나비 Sasakia charonda (Hewitson) 76
왕자팔랑나비 Daimio tethys (Menetries) 125
왕잠자리 Anax parthenope julius Brauer 398
왕줄나비 Limenitis populi (Linnaeus) 87
왕파리매 Cophinopoda chinensis (Fabricius) 435
왕풍뎅이 Melolontha incana (Motschulsky) 281
왜잎벌 Dolerus similis japonicus Kirby 380
외뿔매미 Machaerotypus sibiricus (Lethierry) 318
우리가시허리노린재 Cletus schmidti Kiritshenko 197
우단박각시 Rhagastis mongoliana (Butler) 51
우리목하늘소 Lamiomimus gottschei Kolbe 297
우묵날도래 Glyphotaelius admorsus Maclachlan 168
우수리여치 Sphagniana ussuriana (Uvarov) 350
우엉바구미 Larinus latissimus Roelofs 248
유리창나비 Dilipa fenestra (Leech) 80
유지매미 Graptopsaltria nigrofuscata (Motschulsky) 316
은무늬박쥐나방 Phymatopus hecta (Linnaeus) 18
은무늬밤나방 Macdunnoughia purissima (Butler) 21
은무늬재주나방 Spatalia doerriesi Graeser 43
은무늬하늘나방 Spatalia doerriesi Graeser 43
은점표범나비 Fabriciana pallescens (Butler) 102
은판나비 Mimathyma schrenckii (Menetries) 81
이십팔점박이무당벌레 Henosepilachna vigintioctopunctata (Fabricius) 240
일본등줄메뚜기 Patanga japonica (Bolivar) 330
일본멸구 Stenocranus matsumurai Metcalf 323
일본바퀴 Periplaneta japonica Karny 354
일본왕개미 Camponotus japonicus Mayr 358

작은멋쟁이나비 Cyntia cardui (Linnaeus) 66
작은무늬송장벌레 Nicrophorus quadraticollis Portevin 271
작은은점선표범나비 Clossiana selene (Schiffermuller) 94
작은주걱참나무노린재 Urostylis annulicornis Scott 190
작은주홍부전나비 Lycaena Phlaeas (Linnaeus) 116
작은표범나비 Brenthis ino (Rottemburgh) 103
작은홍띠점박이푸른부전나비 Scolitantides orion (Pallas) 119
잠자리목 Odonata 389

장구애비 *Laccotrephes japonensis* Scott 208
장다리거위벌레 *Henicolabus giganteus* (Faust) 2 22
장각수각다귀 *Pedicia daimio* (Matsumura) 418
장수말벌 *Vespa mandarinia* Cameron 369
장수풍뎅이 *Allomyrina dichotoma* (Linne) 284
장수하늘소 *Callipogon relictus* Semenov~Tian-Shansky 298
장수허리노린재 *Anoplocnemis dallasi* Kiritshenko 199
장흙노린재 *Pentatoma semiannulata* (Motschulsky) 182
점박이길쭉바구미 *Lixus divaricatus* Motschulsky 246
제비나비 *Papilio bianor* Cramer 140
제이줄나비 *Limenitis doerriesi* Staudinger 88
조팝나무진딧물 *Aphis spiraecola* Patch 324
주름재주나방 *Pterostoma sinicum* Moore 46
주름하늘나방 *Pterostoma sinicum* Moore 46
주의왕물결나방 *Brahmaea tancrei* Austaut 36
주홍긴날개멸구 *Diostrombus politus* Uhler 323
주홍박각시 *Deilephila elpenor* (Linnaeus) 51
주홍배큰버잎벌레 *Lema fortunei* Baly 278
주황긴다리풍뎅이 *Ectinohoplia rufipes* (Motschulsky) 281
줄각시하늘소 *Pidonia gibbicolis* (Blessig) 299
줄꼬마팔랑나비 *Thymelicus leoninus* (Butler) 126
줄박각시 *Theretra japonica* (Boisduval) 52
줄베짱이 *Ducetia japonica* (Thunberg) 347
줄보라집명나방 *Craneophora ficki* (Christoph) 18
줄점불나방 *Spilarctia seriatopunctata* Motschulsky 25
줄점팔랑나비 *Parnara guttata* (Bremer et Grey) 127
줄흰나비 *Artogeia napi* (Linnaeus) 159
중국청람색잎벌레 *Chrysochus chinensis* Baly 278
쥐똥나무풍뎅이 *Ectinohoplia rufipes* (Motschulsky) 281
쥐박각시 *Meganoton scribae* (Austant) 53
지리산말매미충 *Bathysmatophorus japonicus* Ishihara 321
지리산팔랑나비 *Isoteinon lamprospilus* C. et R. Felder 128
진강도래 *Oyamia coreana* Okamoto 10
진홍색방아벌레 *Ampedus (Ampedus) puniceus* (Lewis) 256
집게벌레목 Dermaptera 415
집바퀴 *Periplaneta japonica* Karny 354
짚신깍지벌레 *Drosicha corpulenta* (Kuwana) 312

참금록색잎벌레 *Linaeidea adamsi* (Baly) 279
참까마귀부전나비 *Fixsenia eximia* (Fixsen) 118
참나무산누에나방 *Antheraea yamamai ussuriensis* Schachbazov 30
참매미 *Oncotympana fuscata* (Distant) 317
참밑들이 *Panorpa coreana* Okamoto 352
참산뱀눈나비 *Oeneis walkyria* Fixen 91
참어리샵사리 *Arcyptera coreana* Shiraki 337
참오리나무풍뎅이 *Anomala luculenta* Erichson 286
참콩풍뎅이 *Popillia flavosellata* Fairmaire 287
청가뢰 *Lytta caraganae* Pallas 217
청띠신선나비 *Kaniska canace* (Linnaeus) 74
청띠제비나비 *Graphium sarpedon* (Linnaeus) 142
초원하늘소 *Agapanthia villosoviridescens* (de Geer) 301
총채민강도래 *Amphinemura coreana* Zwick 10
측범하늘소 *Hayashiclytus acutivittis* (Kraatz) 302
칠성무당벌레 *Coccinella septempunctata* Linne 237

카멜레온줄풍뎅이 *Anomala chamaeleon* Fairmaire 288
콩중이 *Gastrimargus marmoratus* (Thunberg) 338
큰각시들명나방 *Glyphodes quadrimaculalis* (Bremer et Grey) 16
큰광대노린재 *Poecilocoris splendidulus* Esaki 173
큰나무결재주나방 *Cerura menciana* Moore 47
큰날개파리 Lauxaniidae 433
큰멋쟁이나비 *Vanessa indica* (Herbst) 64
큰명주딱정벌레 *Campalita chinense* (Kirby) 233
큰목가는먼지벌레 *Brachinus stenoderus* Bates 234
큰물자라 *Appasus Major* (Esaki) 203
큰밀잠자리 *Orthetrum triangulare melania* (Selys) 407
큰실베짱이 *Elimaea grandis* (Matsumura et Shiraki) 346
큰알락휜가지나방 *Percnia giraffata* (Guenee) 39
큰은점선표범나비 *Clossiana oscarus* (Eversmann) 96
큰은점표범나비 *Clossiana oscarus* (Eversmann) 96
큰이십팔점박이무당벌레 *Henosepilachna vigintioctomaculata* (Motschulsky) 241
큰줄흰나비 *Artogeia melete* (Menetries) 160
큰허리노린재 *Molipteryx fuliginosa* (Uhler) 200
큰흰띠독나방 *Numenes albofascia* (Leech) 14

ㅌ

탈박각시 *Acherontia styx* (Westwood) 54
태극나방 *Speiredonia retorta* (Clerck) 22
털두꺼비하늘소 *Moechotypa diphysis* (Pascoe) 303
털매미 *Platypleura kaempferi* (Fabricius) 318
털보바구미 *Enaptorrhinus granulatus* Pascoe 247
털보왕버섯벌레 *Episcapha fortunii* Crotch 256
톱날개박각시 *Laothoe amurensis* (Staudinger) 55
톱다리개미허리노린재 *Riptortus clavatus* (Thunberg) 201
톱사슴벌레 *Prosopocoilus inclinatus* (Motschulsky) 266
톱하늘소 *Prionus insularis* Motschulsky 302

ㅍ

파리목 Diptera 417
팔공산밑들이메뚜기 *Anapodisma beybienkoi* Rentz et Miller 335
팥중이 *Oedaleus infernalis* Saussure 339
포도유리나방 *Paranthrene regalis* (Butler) 37
표주박기생파리 *Cylindromyia brassicaria* (Fabricius) 429
푸른곱추재주나방 *Euhampsonia splendida* (Oberthur) 46
푸른곱추하늘나방 *Euhampsonia splendida* (Oberthur) 46
푸른부전나비 *Celastrina argiolus* (Linnaeus) 120
푸른큰수리팔랑나비 *Choaspes benjaminii* (Guerin-Meneville) 129
풀무치 *Locusta migratoria* (Linne) 340
풀색꽃무지 *Gametis jucunda* Faldermann 227
풀색노린재 *Nezara antennata* Scott 183
풀잠자리 *Chrysopa intima* MacLachlan 413
풀잠자리목 Neuroptera 409
풀흰나비 *Pontia daplidice* (Linnaeus) 161
풍뎅이 *Mimela splendens* (Gyllenhal) 288
풍이 *Pseudotorynorrhina japonica* (Hope) 229
피스케수중다리좀벌 *Brachymeria fiskei* (Crawford) 381

ㅎ

하늘소 *Massicus raddei* (Blessig) 304
하루살이목 Ephemeroptera 437

항나박각시 *Hemaris radians* (Walker) 56
호랑꽃무지 *Trichius succinctus* (Pallas) 228
호랑나비 *Papilio xuthus* Linnaeus 148
호리꽃등에 *Episyrphus balteata* (de Geer) 424
호리병벌 *Oreumenes decoratus* (Smith) 384
호박벌 *Bombus ignitus* Smith 363
화산꽃매미 *Limois emelianovi* Oshanin 313
혹바구미 *Episomus turritus* (Gyllenhal) 249
홍날개 *Pseudopyrochroa rufula* (Motschulsky) 308
홍다리사슴벌레 *Nipponodorcus rubrofemoratus* (Snellen van Vollenhoven) 267
홍다리파리매 *Antipalus pedestris* Becker 436
홍반디 *Lycostomus modestus* Kiesenwetter 308
홍점알락나비 *Hestina assimilis* (Linnaeus) 104
홍줄노린재 *Graphosoma rubrolineatum* (Westwood) 185
황갈색잎벌레 *Phygasia fulvipennis* (Baly) 280
황나꼬리박각시 *Hemaris radians* (Walker) 56
황세줄나비 *Neptis thisbe* Menetries 90
황오색나비 *Apatura metis* Freyer 79
황철거위벌레 *Byctiscus rugosus* (Gebler) 223
황충 *Locusta migratoria* (Linne) 340
회떡소바구미 *Sphinctotropis laxus* (Sharp) 250
후치령부전나비 *Cyaniris semiargus* (Rottemburgh) 118
흑백알락나비 *Hestina japonica* (C. et R. Felder) 106
흙메뚜기 *Patanga japonica* (Bolivar) 330
희조꽃매미 *Limois emelianovi* Oshanin 313
흰가슴하늘소 *Xylariopsis mimica* Bates 305
흰깨다시하늘소 *Mesosa hirsuta* Bates 291
흰눈박이검은들명나방 *Algedonia luctualis* (Hubner) 17
흰무늬맵시벌 *Goedartia alboguttata* (Garvenhorst) 373
흰무늬왕불나방 *Aglaeomorpha histrio* (Walker) 26
흰염소하늘소 *Olenecamptus subobliteratus* Pic 306
흰제비불나방 *Chionarctia nivea* (Menetries) 27
흰줄큰푸른자나방 *Geometra valida* Felder et Rogenhofer 42
흰줄태극나방 *Metopta rectifasciata* (Menetries) 23

감수 변봉규(농학박사/곤충학)

- 현 국립수목원 산림생물분류연구실 연구사
- 1999년~현재 국립수목원 곤충분류연구담당
- 1997년~1999년 임업연구원 산림곤충과 연구사 역임
- 1994년, 2000년, 2006년, 2007년 강원대학교 곤충분류학 강사
- 2002년~2003년 중국 동북임업대학교 파견연구원

- 한국응용곤충학회 이사, 편집위원
- 한국곤충학회 이사
- 한국동물분류학회 이사
- 일본곤충학회 회원
- 유럽인시학회 회원
- 열대인시학회 회원

- 《한국산 잎말이나방과 도해도감》 등 10여 권 집필
- 《한국산 깃털나방과의 분류학적 연구》 등 50여 편 논문 발표

아하! 포켓
곤충 도감

펴낸이/이홍식
사진/조유성
감수/변봉규
기획/숨은길
발행처/도서출판 지식서관
등록/1990.11.21 제96호
주소/경기도 고양시 덕양구 고양동 31-38
전화/(031)969-9311(대)
e-mail/jisiksa@hanmail.net

초판 1쇄 발행일/2013년 11월 15일
초판 4쇄 발행일/2025년 3월 5일